职业教育行业规划教材

职业教育改革创新教材

化工安全 与清洁生产

胡迪君　张海霞 ◎主编

陈炳和 ◎主审

化 学 工 业 出 版 社

·北 京·

化工安全与清洁生产是化学工艺相关专业中高等职业教育的专业核心课程之一。本书结合化工生产的特点，阐述了化工操作人员必须具备的安全知识和技能以及需要掌握的环境保护和清洁生产知识。主要内容包括化工生产安全管理和法律法规、化工生产防火防爆技术、化工生产电气安全技术、危险化学品的知识、特种设备安全技术、化工生产及检修安全、环境保护及清洁生产。教材内容的展开符合职业教育学生的认知特点，贴近化工生产实际。每单元附有实战演练，以任务引领的方式引导学生分析和完成任务，以便实现知识在实践中的应用。附录部分对目前常用的安全标志和标签、环境保护的相关标准等作了简要介绍。

本书可作为高职、中职化工类及相关专业的教材，同时可作为化工企业操作人员的安全培训教材。

图书在版编目（CIP）数据

化工安全与清洁生产/胡迪君，张海霞主编. —北京：
化学工业出版社，2015.8（2019.5重印）
职业教育行业规划教材　职业教育改革创新教材
ISBN 978-7-122-24501-4

Ⅰ.①化…　Ⅱ.①胡…②张…　Ⅲ.①化工安全-职业
教育-教材②化工生产-无污染工艺-职业教育-教材
Ⅳ.①TQ086②TQ06

中国版本图书馆CIP数据核字（2015）第146499号

责任编辑：旷英姿　　　　　　　　　　　　　　文字编辑：刘志茹
责任校对：宋　玮　　　　　　　　　　　　　　装帧设计：尹琳琳

出版发行：化学工业出版社（北京市东城区青年湖南街13号　邮政编码100011）
印　　刷：北京京华铭诚工贸有限公司
装　　订：三河市振勇印装有限公司
787mm×1092mm　1/16　印张10¼　字数234千字　2019年5月北京第1版第2次印刷

购书咨询：010-64518888　　　　　　　　　　售后服务：010-64518899
网　　址：http://www.cip.com.cn
凡购买本书，如有缺损质量问题，本社销售中心负责调换。

定　　价：25.00元

前 言

当今，健康（Health）、安全（Safety）、环保（Environment）在全国备受瞩目，现代化工制造业的飞速发展、生态环境的优化、人类生活的健康等方面需要HSE知识和技能的普及、理解和实施。企业的生存和发展离不开"员工"，对危险性较大的化工生产企业来说，"员工"的作用尤为突出。员工们系统全面地了解HSE基本知识，掌握一定的安全操作技能，安全生产，保护环境，是实现化学工业持续健康发展的重要保障。

本书的编写以"上海市中等职业学校化学工艺专业教学标准"中化工安全与清洁生产课程标准为依据，以单元、项目、任务的形式构架，是一本理论实践一体化，反映新技术、新方法和新标准，具有职教特色的教材。

本书知识系统全面，结合企业需求，增设安全生产相关法律法规、风险辨识、5S现场环境管理，国家危险化学品的最新标准以及化学品分类及标记全球协调制度（GHS）等内容。文字简洁，图文并茂。书中配有实际案例、想一想，以及拓展知识等，力求内容丰富多彩，贴近生活与生产实际，以增加趣味性、实用性。紧密结合企业的生产实际，设计实训操作项目，可操作性强，突出职业类院校学生实际技能的培养。

本书共由绪论和七个单元组成，由上海石化工业学校胡迪君和张海霞担任主编。上海石化工业学校刘马编写绪论和单元一，上海石化工业学校张海霞编写单元二至单元四，上海石化工业学校王辉和邵喆参与单元四、单元六以及单元七的编写，上海石化工业学校胡迪君编写单元五至单元七，全书由胡迪君和张海霞统稿，常州工程职业技术学院陈炳和教授担任主审。为方便教学，本书配有电子课件。

上海石化工业学校的领导和该校高级顾问章红老师对本书的编写给予了极大的支持和帮助，常州工程职业技术学院陈炳和教授对编写工作提出了诸多宝贵意见和建议，在此谨向所有关心支持本书的朋友们致以衷心的感谢。

由于编者的经历和水平有限，书中难免会存在不妥之处，敬请读者批评指正。

编者

2015年4月

目 录

目　录

目录

单元四　特种设备安全

单元五　职业卫生和个人防护

目 录

单元六　化工检修安全

目 录

绪论

人类与化工的关系十分密切，在现代生活中，几乎随时随地都离不开化工产品，然而化工在给我们生活带来便利的同时，也给我们带来了安全隐患，因此化工安全与清洁生产是我们必须重视的问题，掌握化工安全与清洁生产至关重要。

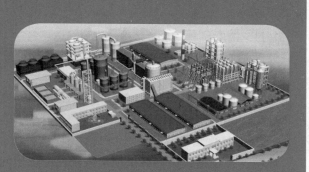

项目一　认识HSE

化工行业是我国五大高危行业之一，作为化工行业从业者，应该具备必需的安全生产知识，培养并提高自身安全素养，自觉主动地严格遵守企业安全生产制度，树立HSE理念。

任务一　了解HSE的基本概念

HSE分别是英文Health、Safety、Environment的缩写，即健康、安全、环境，见图0-1所示。

1. H—健康

员工身体上没有疾病，在心理上保持一种良好的状态，具备适应社会的能力。

2. S—安全

在生产过程中，努力改善生产条件，克服不安全因素，使生产在员工生命安全、企业财产不受损失的前提下进行。

3. E—环境

环境保护是指人类为解决现实或潜在的环境问题，协调人类与环境的关系，保障经济社会的可持续发展而采取的各种行动的总称。

在现代化工生产中只有严格实施安全、环境与健康的管理，才能保证劳动者的安全，避免重大事故的发生，在和谐的环境中，生产出优质的化工产品。

在化工企业生产厂区内，为完成产品从原料到产品的生产全过程，随时处理着大量的易燃、易爆、有毒、有害物质，如管理不善或突然故障都可能发生物料外逸或聚积，从而导致灾害发生；再加上塔、台、设备与管线工艺装置连通，压力容器、电气装置、运输设备、检修作业、排放管沟等不利因素，均对人员构成潜在的危险，见图0-2所示。因此，在化工生产中HSE显得尤为重要。

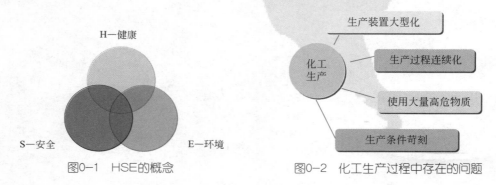

图0-1　HSE的概念　　　　　图0-2　化工生产过程中存在的问题

任务二　树立HSE理念

我们希望在从事化工行业工作过程中，注意以下几点。

① 工作中保障自己不受伤害，同伴也很安全。

② 所有的有害物质都在设备或管道中。

③ 回家时和上班前一样健康。

④ 没有难闻的气味，工作环境对人友好。

HSE不仅仅是公司的责任，而是与每一位员工都切身相关，为了在将来的工作中更好地保护自己，我们应该做到以下3点。

① 知道工作有什么危害。

② 掌握预防危险发生的知识与技能。

③ 主动严格遵守规章制度。

我们要意识到，安全地工作是因为我们愿意做正确的事情，并不是因为我们被要求这样做！

❋ **想一想**

1. 你知道化工安全生产41条禁令吗？（见附录一）

2. 你认识哪些安全标志？

安全标志分为禁止标志、警告标志、指令标志和提示标识四大类，分别对应红色、黄色、蓝色、绿色四种安全色。（《安全标志及其使用导则》GB 2894—2008见附录二）

项目二　了解安全生产法律法规

安全生产法律体系是一个包含多种法律形式和法律层次的综合性系统，从法律规范的形式和特点来讲，既包括作为整个安全生产法律法规基础的宪法规范，也包括行政法律规范、技术性法律规范、程序性法律规范。按法律地位及效力同等原则，安全生产法律体系分为以下5个门类：

• 宪法；

• 安全生产方面的法律；

• 安全生产行政法规与地方性安全生产法规；

• 部门安全生产规章；

• 安全生产标准与已批准的国际劳工安全公约。

任务一　了解"安全生产法"

　　《中华人民共和国安全生产法》（简称《安全生产法》）于2002年6月29日经第九届全国人民代表大会常务委员会第二十八次会议审议通过，自2002年11月1日起施行。2014年8月31日第十二届全国人民代表大会常务委员会第十次会议通过全国人民代表大会常务委员会关于修改《中华人民共和国安全生产法》的决定，自2014年12月1日起施行。

1. 安全生产方针

　　我国的安全生产方针是"安全第一，预防为主，综合治理"，这是安全生产管理工作必须坚持的基本原则。

　　"安全第一"要求从事生产经营活动必须把安全放在首位，不能以牺牲个人的生命、健康为代价换取发展和效益。

　　"预防为主"要求把安全生产工作的重心放在预防上，强化隐患排查治理，"打非治违"，从源头上控制、预防和减少生产安全事故。

　　"综合治理"要求运用行政、经济、法治、科技等多种手段，充分发挥社会、职工、舆论监督等各个方面的作用，抓好安全生产工作。

2. 安全生产的三级培训

　　《安全生产法》中明确规定任何用人单位新员工入职都必须经过三级安全培训。三级培训是指：厂级培训、车间级培训、班组级培训。

3. 从业人员的权利与义务

　　《安全生产法》第六条规定：生产经营单位的从业人员有依法获得安全生产保障的权利，并应当依法履行安全生产方面的义务。在《安全生产法》中规定了各类从业人员必须享有的、有关安全生产和人身安全的最重要的、最基本的权利，并在《安全生产法》中第一次明确规定了从业人员安全生产的法定义务和责任。

任务二　了解相关法律法规

1.《中华人民共和国劳动法》（简称《劳动法》）

　　《劳动法》是国家为了保护劳动者的合法权益，调整劳动关系，建立和维护适应社会主义市场经济的劳动制度，促进经济发展和社会进步，根据宪法而制定颁布的法律。

《劳动法》作为维护人权、体现人本关怀的一项基本法律，在西方甚至被称为第二宪法。劳动法规定了劳动者具有平等就业、选择职业、享有休息、取得劳动报酬等相关权利，还具体明确了用人单位必须建立、健全劳动安全卫生制度，严格执行国家劳动安全卫生规程和标准，对劳动者进行劳动安全卫生教育，防止劳动过程中的事故，减少职业危害。从事特种作业的劳动者必须经过专门培训并取得特种作业资格。

2. 《中华人民共和国职业病防治法》(简称《职业病防治法》)

《职业病防治法》第一条规定："为了预防、控制和消除职业病危害，防治职业病，保护劳动者健康及其相关权益，促进经济发展，根据宪法，制定本法。"

用人单位应当为劳动者创造符合国家职业卫生标准和卫生要求的工作环境和条件，并采取措施保障劳动者获得职业卫生保护。建立、健全职业病防治责任制，加强对职业病防治的管理，提高职业病防治水平，对本单位产生的职业病危害承担责任。

2009年河南新密市人张某被多家医院诊断出患有"尘肺"，但由于这些医院不是法定职业病诊断机构，所以诊断"无用"。而由于原单位拒开证明，他无法拿到法定诊断机构的诊断结果，最终只能以"开胸验肺"的方式进行验肺，为自己证明。

开胸验肺事件始末

2007年10月份，X胸片显示张某双肺有阴影；此后经多家医院检查，诊断其患有尘肺病(肺尘埃沉着病)。

2009年1月，北京多家医院确诊其为尘肺病。

2009年5月25日，郑州职业病防治所的诊断结果为"无尘肺0+期(医学观察)合并肺结核"。

2009年6月，张某主动爬上手术台"开胸验肺"。

2009年7月15日，媒体介入报道。

2009年7月23日，郑州市某耐磨材料有限公司否认公司有责任。

2009年7月24日，卫生部督导组介入。

2009年7月27日，确诊张某为三期尘肺病。河南省新密市劳动局认定为工伤，张某已开始申请伤残鉴定。

2009年7月28日，河南省卫生厅追究郑州市职业病防治所、新密市卫生防疫站等相关单位和人员责任，郑州市委对相关责任人作出处理决定。

3.《中华人民共和国刑法》

在《中华人民共和国刑法》中，对生产经营单位及其有关人员违法犯罪行为应承担刑事责任，主要分为重大责任事故罪、玩忽职守罪、滥用职权罪、强令冒险作业罪等。

✳ **想一想**

1. 从业人员的权利和义务具体有哪些？
2. 什么是"三同时"？
3. 工伤如何认定？（提示：查询相关法律法规）

项目三 熟悉安全生产管理制度

安全管理主要是为了控制风险，安全管理制度可以依据风险制定。为了加强企业生产劳动的保护，改善劳动条件，保护劳动者在生产过程中的安全与健康，促进企业的发展，需要了解企业的安全生产管理制度。

任务一 了解安全管理的原则与内容

1. 管生产同时管安全

安全寓于生产之中，并对生产发挥促进与保证作用。因此，安全与生产虽有时会出现矛盾，但是安全生产管理的目标、目的却表现出高度的一致和完全的统一。

管生产同时管安全，不仅是对各级领导明确安全管理责任，同时，也向一切与生产有关的机构、人员，明确了业务范围内的安全管理责任。各级人员安全生产责任制度的建立，管理责任的落实，体现了管生产同时管安全。

2. 坚持安全管理的目的性

安全管理的内容是对生产的人、物、环境因素状态的管理，有效地控制人的不安全行为和物的不安全状态，消除或避免事故，达到保护劳动者的安全与健康的目的。

3. 安全管理重在控制

进行安全管理的目的是预防、消灭事故，避免事故伤害，保护劳动者的安全与健康。在安全管理的四项主要内容中，虽然都是为了达到安全管理的目的，但是对生产因素状态的控制，却与安全管理目的关系更直接，显得更为突出。

4. 在管理中发展、提高

既然安全管理是在变化着的生产活动中的管理，是动态的，那么管理就意味着是不断发展的、不断变化的，以适应变化的生产活动，消除新的危险因素。然而更为重要的是不间断地摸索新的规律，总结管理、控制的办法与经验，指导新的管理，从而使安全管理不断地上升到新的高度。

任务二　认识安全生产检查

1. 安全生产检查的重要性

对作业场所进行安全检查有助于预防事故的发生和疾病的出现，通过安全检查，可以识别和记录危害，采取纠正措施，健康安全环境小组负责对安全检查进行计划、指导、报告和监控。对作业场所进行定期安全检查是健康安全管理程序中一个很重要的组成部分。

2. 安全检查的目的

① 了解工人和管理人员所关心的问题。

② 获得对工作及任务的进一步了解。

③ 识别存在及潜在的危险。

④ 确定危害的根本原因。

⑤ 监督危害控制情况（个人防护用品、技术控制、政策、程序）。

⑥ 采取纠正措施。

3. 安全生产检查的类型

安全生产检查的类型见图0-3所示。

图0-3　安全生产检查的类型

4. 安全检查表（SCL）

检查表有助于分清检查责任，控制检查活动及提供检查活动的报告，并能在现场进行及时记录，但要小心，检查表不允许只记录检查详情而遗漏其他危险条件。检查表仅作为一种基本工具使用。为特定工作场所编制检查表可以参考相关的文档。化工生产企业安全生产检查表样例见表0-1所示。

表0-1　化工生产企业安全生产检查表样例

被检查单位名称						
被检查单位地址						
主要负责人			联系电话			
序号	检查内容		检查方式	检查要求	检查结果	
					是/否	评价
一、基础安全管理内容						
1. 安全生产责任制（是否建立、健全以下安全生产责任制度，并以文件形式下发）						
2. 安全培训教育						
（1）	主要负责人和安全管理人员是否经有关主管部门考核合格，并取得安全资格证书		查主要负责人、安全管理人员资格证书	在有效期内		
（2）	特种作业人员是否经专门安全作业培训，并取得特种作业操作资格证书		抽查特种作业人员资格证书	在有效期内		
（3）	新职工入厂三级安全教育培训情况		查相应教育培训记录	应提供培训信息记录		
……						
二、现场安全管理情况						
1. 岗位操作人员持证上岗与应知应会情况（岗位操作人员是否具备相应资格，是否熟悉本岗位操作规程、危险因素、防范措施及事故应急处理措施等）						
（1）	作业人员是否持证上岗		抽查作业人员	现场作业人员是否在持证名单内		
（2）	作业人员是否熟悉本岗位化学品的基础知识					
（3）	作业人员是否熟悉有关安全生产规章制度和安全操作规程		抽查作业人员进行询问	正确并熟练回复相关问题的要点		
（4）	作业人员是否了解作业场所和工作岗位存在的危险因素、防范措施及事故应急措施					
（5）	企业是否为从业人员配备符合国家标准和行业标准的劳动防护用品		抽查作业场所劳动防护用品配备情况	现场检查作业人员劳动防护用品佩戴、使用情况		
2. 安全设备、设施检验、检测情况						
	安全设备、设施是否有检测、检验标签或铭牌，是否定期检测		现场抽查安全设备、设施的标签或铭牌	检查是否有标签或铭牌，记录是否清晰可辨		
3. 危险化学品储存与包装情况						
……						
检查意见：						
检查人（签字）			检查日期			
被检查单位意见：						
负责人（签字）			单位盖章			

任务三 认识安全教育培训

安全教育培训类型见图0-4所示。

企业教育	"三级"教育（厂级、车间级、岗位或班组级）
专门教育	从事特殊工种的人员必须进行专门的教育和培训
学校教育	化工类工科院校、职业技术学校开设安全技术与劳动保护的课程
社会教育	报刊、杂志、广播、电视、电影、互联网等多媒体进行安全教育

图0-4　安全教育培训

1. 安全生产培训的目的

① 为加强和规范生产经营单位安全培训工作，提高从业人员安全素质，防范伤亡事故，减轻职业危害。

② 熟悉并能认真贯彻执行安全生产方针、政策、法律、法规及国家标准、行业标准。

③ 基本掌握本行业、本工作领域有关的安全分析、安全决策、事故预测和防范等方面的知识。

④ 熟悉安全管理知识，具有组织安全生产检查、事故隐患整改、事故应急处理等方面的组织管理能力。

⑤ 了解其他与本行业、本工作领域有关的必要的安全生产知识与能力。

2. 安全教育培训的意义

① 提高安全生产的意识。

② 增加安全生产的知识。

③ 消灭安全事故的苗头。

④ 减少安全事故的发生。

3. 安全教育培训的内容

① 安全知识技术教育培训。

② 安全技能训练。

③ 安全态度教育。

国家安全生产监督管理总局令第3号

《生产经营单位安全培训规定》第三章第十五条：生产经营单位新上岗的从业人员，岗前培训时间不得少于24学时。煤矿、非煤矿山、危险化学品、烟花爆竹、金属冶炼等生产经营单位新上岗的从业人员安全培训时间不得少于72学时，每年接受再培训的时间不得少于20学时。

任务四 了解事故管理

在企业生产过程中，容易发生安全事故，导致人员伤害和设备损坏。"人-机（物）-环境"这些生产要素的"不协调"，是产生安全事故的主要原因，要通过对生产过程控制，使不安全行为和不安全状态得以减少或消除，达到减少一般事故、杜绝伤亡事故和重大设备事故的目的，从而保证安全管理目标的实现，见图0-5所示。

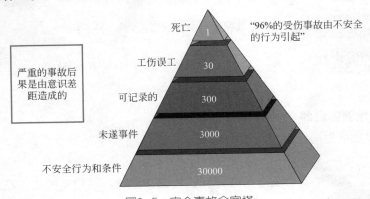

图0-5 安全事故金字塔

（图中文字）

"96%的受伤事故由不安全的行为引起"

严重的事故后果是由意识差距造成的

死亡 1
工伤误工 30
可记录的 300
未遂事件 3000
不安全行为和条件 30000

1. 事故发生的原因

（1）人的不安全行为 人的不安全行为是人非正常行为的表现，违背其心理特征。人的不安全行为不一定会发生事故，造成伤害；但安全事故的发生一定与事故隐患或人的不安全行为有关。人行为的产生，受其生理、心理、个体差异、病理等内在因素的影响，或者受外部因素的影响，如"人-机接口、人-环境接口、人-人接口"的存在，在系统设计时未能很好地运用人机工程准则，系统设计存在缺陷。

（2）物的不安全状态 物的不安全状态的产生，与人的不安全行为或人的操作、管理失误有关；其不安全状态的出现既反映物的自身特性，又反映了管理水平。因此，判断和控制物的不安全状态对预防和消除事故有直接现实意义。

消除物的不安全状态和人的不安全行为，可以采取有效的技术和管理措施（见图0-6）。

（3）作业环境因素 生产作业环境中，湿度、温度、照明、振动、噪声、粉尘、有毒有害物质等会影响人在工作中的情绪；恶劣的作业环境还会导致职业性伤害。安全生产是一套人-机-环境系统。合理匹配可实现"机宜人、人适机、人机匹配"，能减少失误、提高效率，消除事故，做到本质安全。如何营造一个良好的作业环境，消除职业危害，是作业环境管理的核心。

（4）管理的缺陷 上述3个要素是事故的直接原因，管理上的缺陷是事故的间接原因，是事故的直接原因得以存在的条件。管理上的缺陷主要包括：①技术缺陷，指工业建、构筑物及机械设备、仪器仪表等的设计、选材、安装、布置、维护维修有缺陷，或工艺流程、操作方法方面存在问题；②劳动组织不合理；③没有安全操作规程或不健全，挪用安全措施费用，不认真实施事故防范措施，对安全隐患整改不力；④教育培训不够，工作人员操作技术、知识或经验不足，缺乏安全知识等。

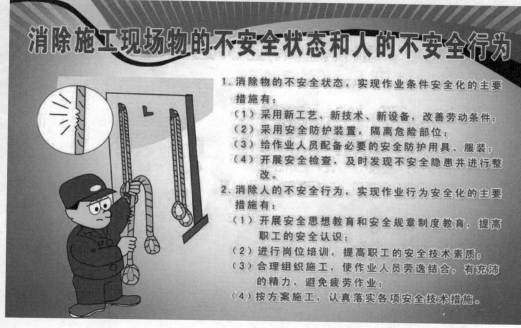

图0—6　物的不安全状态与人的不安全行为消除措施

❋ **练一练**

下列事故原因选项中属于人的不安全行为的是（　　　）。（多选）

A.缺乏防护用具或防护用具存在缺陷。

B.不安全的作业姿势或方位。

C.使用不安全设备，用手代替工具进行操作或违章作业。

D.作业人员未经过教育培训。

E.作业现场照明不足。

F.作业中注意力分散，嬉闹、恐吓等。

2. 危险因素的识别

（1）危险、有害因素的定义　　危险因素，指能对人造成伤亡或对物造成突发性损害的因素。有害因素，指能影响人的身体健康、导致疾病，或对物造成慢性损害的因素。

危险因素在时间上比有害因素来的快、来的突然，造成的危害比后者严重。

（2）危险、有害因素的辨识顺序　　在进行危险、有害因素的识别时，要全面、有序地进行，防止出现漏项，宜从地域环境、建筑物、内部布局、生产过程工艺、主要设备装置、人为因素、作业部位、管理、应急和辅助设施等几方面进行（见图0-7）。识别的过程实际上就是系统安全分析的过程。

❋ **想一想**

根据事故发生的原因，分析教室中可能存在的潜在危险，并提出预防控制措施。

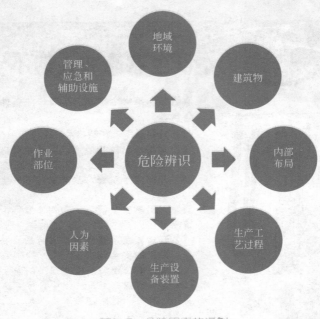

图0-7　危险因素的识别

3. 事故应急预案

（1）应急预案的基本概念　应急预案又称应急计划，是针对可能的重大事故（件）或灾害，为保证迅速、有序、有效地开展应急与救援行动，降低事故损失而预先制订的有关计划或方案。

应急预案是在辨识和评估潜在的重大危险、事故类型、发生的可能性及发生过程，事故后果及影响严重程度的基础上，对应急机构职责、人员、技术、装备、设施（备）、物资、救援行动以及指挥与协调等方面预先做出具体安排。

（2）应急预案的重要作用和意义　编制重大事故应急预案是应急救援准备工作的核心内容，是及时、有序、有效地开展应急救援工作的重要保障。应急预案在应急救援中的重要作用和地位体现在以下几个方面。

① 应急预案确定了应急救援的范围和体系，使应急准备和应急管理不再是无据可依、无章可循。

② 制订应急预案有利于做出及时的应急响应，降低事故后果。

③ 成为应对各种突发重大事故的响应基础。

④ 有利于提高全社会的风险防范意识。

4. 事故的应急处置程序

事故的应急处置首先应明确相应的响应级别，我国一般将响应级别分为下面3种情况：一级紧急情况、二级紧急情况和三级紧急情况。

接到事故报告时首先进行事故警情分析，判明事故级别，启动应急处置程序，一般事故应急处置程序如图0-8所示。

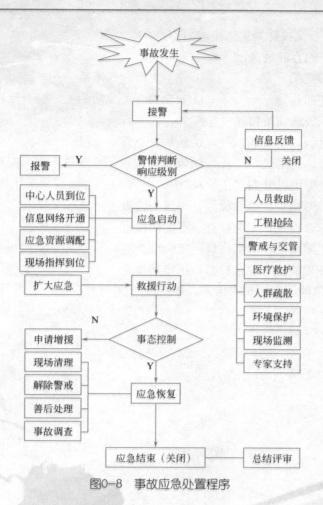

图0-8 事故应急处置程序

单元小结

1. HSE的基本概念。
2. 安全法律体系。
3. 安全生产检查与安全教育培训。
4. 事故管理制度与应急处置。

自我测试

1. HSE中的含义是_____、_____、_____。
2. 事故发生的直接原因主要包含3方面，分别是_____、_____、_____。
3. 《宪法》是安全生产法律体系框架的最高层级。（   ）
4. 《安全生产法》是综合规范安全生产法律制度的法律，它适用于所有生产经营单位，是我国安全生产法律体系的核心。（   ）
5. 《安全生产法》是我国安全法律体系的核心，它在安全法律领域的地位高于《宪法》。（   ）

6.《安全生产法》又被称为第二宪法。（　　　）

7. 我国安全生产的方针是（　　　）。

A. 安全生产，质量第一　　　　　B. 安全生产，效率第一

C. 安全规范，齐抓共管　　　　　D. 安全第一，预防为主，综合治理

8. 安全生产的三级培训是指（　　　）。

A. 学校级、社区级、单位级　　　B. 一级、二级、三级

C. 厂级、车间级、班组级　　　　D. 安全管理级、安全技术级、安全生产级

9. 安全检查的类型可以分为（　　　）。

A. 日常检查、季节检查、综合检查、不定期检查

B. 日常检查、综合检查、定期检查、不定期检查

C. 季节检查、定期检查、班组检查、突击检查

D. 日常检查、专项检查、综合检查、不定期检查

10. 名词解释：危险因素、有害因素、职业病。

单元一　化工防火防爆

化工在国民经济建设中的重要性不言而喻，然而其原料成品中易燃易爆物质很多，工艺装置占地面积大，生产通常又都是在高温高压等条件下进行的，发生火灾和爆炸的危险性较大，认识燃烧爆炸、掌握防火防爆技能具有十分重要的意义。

项目一　认识燃烧

燃烧是物体快速氧化，产生光和热的过程。燃烧的发生需要具备一定的条件。不同状态物质的燃烧过程也不尽相同，可以通过闪点、燃点和自燃点等指标来衡量物质燃烧的难易程度。

任务一　燃烧的特征与条件

1. 燃烧的特征

燃烧是一种发光、发热的激烈的氧化反应，如图1-1所示。

图1-1　燃烧特征

2. 燃烧的条件

燃烧必须具备以下3个条件，如图1-2所示。

图1-2　燃烧三要素

（1）有可燃物存在　能与氧或氧化剂剧烈反应的物质称为可燃物。如木材、煤、纸张、棉花、石油、酒精、氢气、一氧化碳等。

（2）有助燃物存在　能帮助和维持燃烧的物质称为助燃物。如氧气、空气、氯气、氯酸钾等。

（3）有点火源存在　能导致可燃物燃烧的能源称为点火源。如明火、撞击与摩擦、高温物体、电火花、化学反应热、光照与辐射等。

✷ **想一想**

是不是只要有可燃物、助燃物和点火源存在就一定会发生燃烧呢？

可燃物、助燃物和点火源是构成燃烧的三个要素，缺一不可。但具备了这三要素也不一定就会燃烧。比如，可燃物未达到一定浓度；助燃物含量不够；点火源不具备足够的温度或热量等。常见物质燃烧的最低耗氧量见表1-1所示，常见物质燃烧的最低温度见表1-2所示。

表1-1 常见物质燃烧的最低耗氧量

物质名称	耗氧量/%	物质名称	耗氧量/%
汽油	14.4	乙醇	15.0
氢气	5.9	多量棉花	8.0

表1-2 常见物质燃烧的最低温度

物质名称	燃点/℃	物质名称	燃点/℃
纸张	130	蜡烛	190
棉花	210	黄磷	34～60

燃烧不仅必须具备一定量的燃烧三要素，而且必须使三者相互结合、相互作用，才会发生且持续。

任务二 熟悉燃烧的过程与类型

1. 按可燃物状态

（1）气体燃烧 根据燃烧前可燃气体与空气混合状况不同，分为2类。

扩散燃烧——可燃气体从管道或容器泄漏口喷出，与空气中的氧边扩散混合边燃烧的现象，也称为稳定燃烧。

预混燃烧——可燃气体与助燃物在燃烧前混合形成一定浓度的可燃混合气体，被火源点燃所引起的燃烧，这类燃烧即通常所说的气体爆炸。

❋ 想一想

燃气正常使用时为什么不会爆炸？

燃气爆炸

燃气正常使用

（2）液体燃烧 可燃液体在燃烧过程中，并不是液体本身在燃烧，而是液体受热时蒸发出来的气体（蒸气）被分解、氧化达到燃点而燃烧，称为蒸发燃烧。液体燃烧过程如图1-3所示。

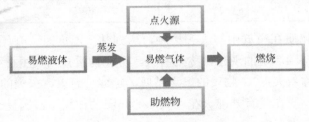

图1-3 易燃液体燃烧过程

（3）固体燃烧　固体燃烧一般可分为4种。

① 蒸发燃烧。熔点较低的可燃固体，受热后熔融，像可燃液体一样蒸发成蒸气而燃烧。

② 分解燃烧。分子结构复杂的可燃固体，受热后分解，分解产物发生的氧化燃烧。

③ 表面燃烧。某些可燃固体难以热分解，当空气包围物质的表层时，呈炽热状态发生的无焰燃烧，如金属燃烧。

图1-4　最常见的阴燃杀手——烟头

④ 阴燃。某些可燃固体在空气不足，加热温度较低或可燃物含水分较多等条件下发生的只冒烟、无火焰的缓慢燃烧现象。图1-4为最常见的阴燃杀手——烟头。

2006年7月8日，对于河南省某市7岁的小女孩李某来说是个不幸的日子。这天上午，她和同村小伙伴在路边玩耍时看到路边堆积的麦皮不停地冒着白烟，她出于好奇便上前用脚去踏，双脚踏进麦皮，她立刻尖叫一声把双脚退了出来，可是已经太迟了。她的脚已被严重烫伤，变得漆黑，多处溃烂，让人惨不忍睹。

李某踏进的是一个正在阴燃的麦皮堆，虽然外边只冒着白烟，没有明火，里面却已烧得通红。

阴燃是一种没有火焰的缓慢燃烧现象。它属于火灾的初始阶段，由于没有明火，只是冒烟，一般不会引人注意，令火势在不知不觉中慢慢扩大，一旦遇到合适条件，如大量充足的氧气就会迅速转化为火焰，造成更大危害。可以说，及早发现阴燃起火，把火灾剿灭于萌芽状态，是预防和减少火灾损失的重要手段之一。

2. 按可燃物着火方式

（1）闪燃　在一定温度下，可燃液体表面产生蒸气，当与空气混合后，一遇着火源，就会发生一闪即灭的火苗，这种现象称为闪燃。闪燃是一种瞬间燃烧现象，往往是着火的先兆。液体发生闪燃的最低温度称为闪点，几种常见易燃和可燃液体的闪点见表1-3所示。

闪点，是评价液体火灾危险性大小的主要依据！

表1-3　几种常见易燃和可燃液体的闪点

液体名称	闪点/℃	液体名称	闪点/℃
汽油	-46	酒精	9～11
二硫化碳	-45	乙醚	-45
原油	6～32	甲醇	11.1

（2）着火　可燃物质在空气中与火源接触，达到某一温度时，开始产生有火焰的燃烧，并在火源移去后仍能持续燃烧的现象，称为着火。可燃物质开始发生持续燃烧所需要的最低温度，称为燃点（也称着火点）。物质的燃点越低，越容易着火，火灾的危险性就越大。

（3）自燃　可燃物质在没有外部火花、火焰等热源的作用下，因受热或自身发热、积热不散引起的燃烧，统称为自燃。

　　从前，古罗马帝国的一支庞大的船队耀武扬威地出海远征。船队驶近红海时，突然，一艘装有草料的最大的给养船上冒出滚滚浓烟，遮天蔽日。远征的战船只好收帆转舵，返航回港。远征军的统帅下决心要查出给养船起火的原因，但查来查去，没有找到任何人为纵火的证据。你知道着火的原因吗？

　　在规定的条件下，物质发生自燃的最低温度，称为自燃点。物质的自燃点越低，发生自燃火灾的危险性就越大。

❋ 第一练

　　下列哪种方式可以使高温蜡油燃烧起来？写出你的选项（　　　），并解释选择的理由。
A.对着高温蜡油喷水　　　　　　　B.对着高温蜡油鼓风
C.向高温蜡油中挤牙膏　　　　　　D.以上方式都不可以

项目二　认识爆炸

　　爆炸对于化工生产来说是一种非常危险的过程，按照爆炸的类型，可以分为物理爆炸、化学爆炸、核爆炸。粉尘爆炸是化学爆炸的一种，发生粉尘爆炸的首要条件是粉尘本身可燃，即能与氧气发生氧化反应，如煤尘、面粉等。

任务一　认识爆炸的类型

1. 爆炸的概念

　　物质从一种状态迅速地转变为另一种状态，并在瞬间以机械功的形式释放出巨大能量，或是气体、蒸气在瞬间发生剧烈膨胀等现象，称为爆炸，如图1-5所示。

2. 爆炸的类型

　　按照产生的原因和性质，可将爆炸分为3类。

　　（1）物理爆炸　由于容器内压力升高超过容器所能承受的压力，致使容器破裂所形成的，如锅炉超压爆炸、高压气瓶爆炸等。

　　（2）化学爆炸　物质发生高速放热化学反应导致的爆炸，主要有2类：一类是物质的分解爆炸，如环氧乙烷分解爆炸；另一类为急剧的氧化反应，如炸药爆炸、可燃气或粉尘与空气形成的混合物爆炸等。

　　（3）核爆炸（原子爆炸）　某些物质的原子核发生裂变或聚变，瞬间放出巨大能量而形成的爆炸。

图1-5　爆炸

核爆炸会带来强烈冲击、核辐射，对人类产生巨大危害。但是作为放出巨大能量的核爆炸，却在和平建设中有着吸引力的应用前景。

核爆炸可以用来开山、辟路、挖掘运河、建造人工港口等。例如，几次核爆炸就可开凿一个能停泊万吨巨轮的海港。

许多地区有大量靠钻井不能开采的石油沥青沙层和油页岩，但是核爆炸的高温高压能迫使这种石油流动，从而开采出来。单把美国西部一个区域内的油页岩中的石油取出来，可供全世界使用若干年。

核爆炸还可以改造沙漠，使沙漠变成良田。它可以造成巨大的积水层——"地下水库"。雨季时，雨水储在积水层中，然后慢慢地透过多孔的泥土湿润地表，使之适合于植物的生长。

任务二　掌握爆炸极限的概念

可燃气体、蒸气或粉尘与空气（氧）的混合物，必须在一定的浓度范围内，遇引火源才能发生爆炸，这个浓度范围，称为爆炸极限，如图1-6所示。

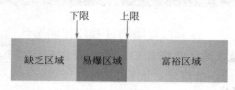

图1-6　爆炸极限

遇火源能够发生爆炸的最低浓度，称为爆炸下限；遇火源能发生爆炸的最高浓度，称为爆炸上限。几种常见物质的爆炸极限见表1-4所示。

表1-4　几种常见物质的爆炸极限

物质名称	在空气中/%		在氧气中/%	
	下限	上限	下限	上限
氢气	4.0	75.0	4.7	94.0
乙炔	2.5	82.0	2.8	93.0
甲烷	5.0	15.0	5.4	60.0

爆炸极限可用于评定气体或粉尘的火灾爆炸危险性大小。爆炸下限越低，爆炸浓度范围越大，发生火灾爆炸的危险性就越大。

爆炸极限不是固定值，它会随着原始温度、原始压力、外部条件等因素的变化而变化。

任务三　认识粉尘爆炸

1. 粉尘爆炸的条件

发生粉尘爆炸的首要条件是粉尘本身可燃，即能与氧气发生氧化反应，如煤尘、面粉等；其次，粉尘要悬浮在空气中达到一定浓度，呈悬浮状才能保证其表面与助燃物充分接触；再次，要有足够引起粉尘爆炸的起始能量。

2. 粉尘爆炸的特点

与爆炸性混合气体爆炸相比，粉尘爆炸具有以下特点。

（1）从起爆条件方面看　粉尘爆炸需要有一定数量的粉尘并且有外力（如风或机械力）将粉尘扬起，而可燃气体通过自然扩散就可能形成爆炸性混合物。粉尘是固体，点燃粉尘所需的初始能量也比点燃气体所需的初始能量大得多。

（2）从爆炸的后果及危害方面看　一般来说，与可燃气体爆炸相比，粉尘爆炸燃烧的时间长，产生的能量大，造成的破坏及烧毁的程度比较严重。粉尘爆炸引起的冲击波，会使周围的堆积粉尘飞扬起来，从而可连续引起2～3次爆炸，使危害扩大。粉尘容易引起不完全燃烧，因此在产物气体中含有大量一氧化碳，有发生一氧化碳中毒的危险。

3. 粉尘爆炸的过程

粉尘爆炸是因其粒子表面氧化而发生的，其爆炸过程如图1-7所示。

图1-7　粉尘爆炸的过程

❋ **想一想**

哪些行业容易发生爆炸？

目前发现具有粉尘爆炸危险的行业主要有以下几种。

① 金属行业（镁、钛、铝粉等）

② 煤炭行业（活性炭、煤尘等）

③ 合成材料行业（塑料、染料粉尘等）

④ 轻纺行业（棉尘、麻尘、纸尘、木尘等）

⑤ 化纤行业（聚酯粉尘、聚丙烯粉尘等）

⑥ 军工、烟花行业（火药、炸药尘等）

⑦ 粮食行业（面粉、淀粉等）

⑧ 农副产品加工行业（棉花尘、烟草尘、糖尘等）

⑨ 饲料行业（血粉、鱼粉等）

国内外粉尘爆炸事故概况

1913～1973年，美国仅工农业领域，就发生过72次比较严重的粉尘爆炸事故。

1952～1979年，日本发生各类粉尘爆炸事故209起，伤亡共546人，其中以粉碎制粉工程和吸尘分离工程较突出，各为46起。

1965～1980年，原联邦德国发生各类粉尘爆炸事故768起，其中较严重的是木粉及木制品粉尘和粮食饲料爆炸事故，分别占32%和25%。

1987年，哈尔滨某亚麻厂的亚麻尘爆炸事故，死亡58人，轻重伤177人，直接经济损失882万元。

2014年8月2日，江苏昆山工厂爆炸致146人死亡。爆炸系因粉尘遇到明火引发的安全事故。

2015月6月27日，台湾新北市游乐园"彩虹派对"发生的彩粉爆炸，造成9人死亡，近500人受伤的惨痛事件。

※ 练一练

粉尘爆炸的爆炸类型为物理爆炸。（　　　）（判断）

项目三　掌握防火防爆技术

化工生产火灾爆炸事故时有发生，由于化工产品的显著危害性，化工火灾爆炸事故往往会造成重大人员伤亡和财产损毁、环境污染等后果，且化工火灾爆炸事故的救援难度大，从事化工行业的人员必须掌握足够的化工生产防火防爆技术。

任务一　判断火灾爆炸危险性

1. 化工生产火灾爆炸事故特点

（1）造成重大人员伤亡和财产损毁　由于化工产品本身具有高度的易燃易爆性、易腐蚀性和有毒性，一旦发生火灾或泄漏事故，不但会导致生产停顿、设备损坏，还会造成重大人员伤亡。

（2）造成环境污染　化工生产所涉及的大多物料均属工业毒物，一旦发生火灾爆炸，危险物泄漏到大气或排放到江河中易造成大气、水资源污染，影响持久、治理难度大。

（3）灭火救援难度大　化工安全事故一般来说现场很复杂，如出现有毒气体时，会严重威胁灭火救援人员的安全；腐蚀性物质会灼伤灭火救援人员的皮肤和救援器材，这些都会给灭火救援工作带来很大的难度。

2005年11月，吉林某化工厂发生爆炸火灾，造成生产装置严重损坏，方圆10km内有明显震感。爆炸共造成5人死亡，1人失踪，3人重伤；直接经济损失7000余万元，并引起松花江流域的重大污染。

2. 火灾危险性识别

在化工装置运行过程中，始终存在着高温、高压、易燃、易爆、易中毒等危险因素。为了预防燃烧爆炸事故的发生，首先要识别危险，判断火灾爆炸隐患的危险程度，并作出相应的防范措施。表1-5分别列出了储存物品和生产过程的火灾危险性分类标准。

表1-5　火灾危险性分类标准

储存物类别	火灾危险性特征
甲	1. 闪点<28℃的液体 2. 爆炸下限<10%的气体，以及受到水或空气中水蒸气的作用，能产生爆炸下限<10%气体的固体物质 3. 常温下能自行分解或在空气中氧化即能导致迅速自燃或爆炸的物质 4. 常温下受到水或空气中水蒸气的作用能产生可燃气体并引起燃烧或爆炸的物质 5. 遇酸、受热、撞击、摩擦以及遇有机物或硫黄等易燃的无机物，极易引起燃烧或爆炸的强氧化剂 6. 受撞击、摩擦或与氧化剂、有机物接触时能引起燃烧或爆炸的物质
乙	1. 闪点≥28℃且<60℃的液体 2. 爆炸下限≥10%的气体 3. 不属于甲类的氧化剂 4. 不属于甲类的化学易燃危险固体 5. 助燃气体 6. 常温下与空气接触能缓慢氧化，积热不散引起自燃的物品
丙	1. 闪点≥60℃的液体 2. 可燃固体
丁	难燃烧物品
戊	非燃烧物品

任务二　掌握化工防火防爆措施

1. 控制和消除火源

燃烧炉火、反应热、电源、维修用火、机械摩擦热、撞击火星以及吸烟用火等着火源是引起易燃易爆物质着火爆炸的常见原因。控制这类火源的使用范围，严格执行各种规章制度，对于防火防爆是十分重要的。

（1）明火　化工生产中的明火主要是指生产过程中的加热用火、维修用火及其他火源。加热易燃液体时，应尽量避免采用明火，而采用蒸气、过热水、中间载热体或电热等。如果必须使用明火，设备应严格密闭，燃烧室应与设备建筑分开或隔离。在有火灾爆炸危险的厂房内，应尽量避免焊割作业，进行焊割作业时应严格执行工业用火安全规定。

（2）摩擦与撞击

① 轴承及时添油，保持良好的润滑，经常清除附着的可燃污垢。

② 搬运盛有易燃物的金属容器时，不要抛掷，防止互相撞击。

③ 不准穿钉鞋进入易燃易爆场所，特别危险的防爆工房内，地面应采用不发生火花的软质材料。

1983年3月7日上午，云南某化工厂6名职工在油库执行卸油任务时，发生汽油蒸气爆炸火灾事故。事故当天，该厂汽车拉回2.66吨汽油，分装19只桶。10时左右，汽车停在油库卸油台门口，随车而来的6名操作工临时承担装卸任务。当向油罐卸第6桶汽油时，由于桶盖很紧，油库内工人无法拧开，于是负责卸车的1名工人进库协助。他进去后不到2分钟，便发出"轰"的一声巨响，油库爆炸了。

爆炸发生后不到20分钟，消防车便赶赴事故现场，及时扑灭了火焰，并从倒塌的砖墙下面抢救出4名儿童（均为油库外玩耍的职工子女），其中2名伤势过重死亡。在油库内进行卸油操作的5名职工全部当场身亡。事故发生后，经过调查，确定原因有以下2点。

① 在油库内卸完5桶汽油后，由于油库通风不良，挥发性极强的汽油在油库区空气中已达到爆炸极限。

② 在使用工具不当、扳手打滑或用力敲打桶盖时，产生火花，引爆了汽油蒸气-空气爆炸性混合物。

（3）高温表面

① 可燃物的排放口应远离高温表面，高温表面要有隔热保温措施。

② 不能在高温管道和设备上烘烤衣服等可燃物件。

③ 油抹布等易自燃引起火灾的物品，应装入金属桶、箱内等安全地点并及时处理。

④ 吸烟易引起火灾，要加强这方面的宣传教育和防火管理。

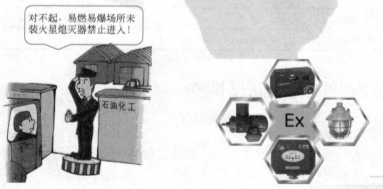

（4）电火花　在具有爆炸、易燃危险的场所，如果电气设备不符合防爆规程的要求，则电气设备所产生的火花、电弧和危险温度就可能导致火灾爆炸事故的发生。

2. 控制危险物料

（1）按物料的物化特性采取措施　对于物质本身具有自燃能力的油脂、遇空气能自燃的物质、遇水燃烧爆炸的物质等，应采取隔绝空气、防水防潮或采取通风、散热、降温等措施，以防止物质自燃和发生爆炸。

（2）系统密闭及负压操作 为了防止易燃气体、蒸气和可燃性粉尘与空气构成爆炸性混合物，应该使设备密闭，对在负压下生产的设备，应防止空气吸入。负压操作可以防止系统中的有毒或易爆气体向器外逸散。

这次是运输易燃品，超过35℃要采取安全措施！

（3）通风置换 采用通风措施时，应当注意生产厂房内的空气，如含有易燃易爆气体则不应循环使用。在有可燃气体的室内，排风设备和送风设备应有独立分开的通风机室。有燃烧爆炸危险粉尘的排风系统，应采用不产生火花的除尘器。

涂上防火漆，安上通风扇，车间变安全多了！

（4）惰性介质保护 化工生产中常用的惰性气体有氮气、二氧化碳、水蒸气及烟道气。惰性气体作为保护性气体常用于以下几个方面。

① 易燃固体物质的粉碎、筛选处理及其粉末输送时，采用惰性气体进行覆盖保护。

② 处理易燃易爆的物料系统，在送料前用惰性气体进行置换，以排除系统中原有的空气，防止形成爆炸性混合物。

有我们的保护，火就着不起来！

惰 性 气 体

③ 易燃液体利用惰性气体进行充压输送。

④ 在有爆炸性危险的生产场所，引起火花危险的电器、仪表等采用充氮正压保护。

⑤ 在易燃易爆系统需要动火检修时，用惰性气体进行吹扫和置换。

3. 工艺过程控制

在生产过程中，正确控制各种工艺参数，防止超温、超压和物料跑损是防止火灾和爆炸的根本措施。

（1）温度控制 化学反应都有其自己最适宜的反应温度，正确控制反应温度不但对保证产品质量、降低消耗有重要的意义，也是防火防爆所必需的。

（2）投料控制 从投料速度、投料配比、投料顺序、原料纯度几个方面严格按照操作规程和质量检测要求进行投料。

（3）防止跑、冒、滴、漏 生产过程中，跑、冒、滴、漏往往导致易爆介质在生产场所的扩散，是化工企业发生火灾爆炸事故的重要原因之一。发生跑、冒、滴、漏，一般有以下2种情况。

① 操作不精心或误操作，例如收料过程中槽满跑料、开错排污阀等。

② 设备管线和机泵的结合面不密封而泄漏。

✳ **想一想**

采取哪些措施可以防止人员的误操作呢？

为了确保安全生产，杜绝跑、冒、滴、漏，必须加强操作人员和维修人员的责任感和技术培训，稳定工艺操作，提高设备完好率，降低泄漏率。为了防止误操作，对比较重要的各种管线涂以不同颜色以便区别，对重要的阀门采取挂牌、加锁等措施。不同管道上的阀门应相隔一定的间距。

4. 采用自动控制和安全保护装置

（1）自动控制　利用DCS分散控制系统、PLC可编程序控制器等，有效进行对温度、压力、流量、液位等过程参数的控制。

（2）安全保护装置

① 信号报警。化工生产中，在出现危险状态时信号报警装置可以通过声、光等信号警告操作者，及时采取措施消除隐患。

② 保险装置。保险装置在发生危险状况时，能自动消除不正常状况。如锅炉、压力容器上装设的安全阀和防爆片等安全装置。

③ 安全联锁。所谓联锁就是利用机械或电气控制依次接通各个仪器及设备，并使之彼此发生联系，达到安全生产的目的。

5. 安装防火防爆设施

化工生产中，防火防爆设施包括安全液封、阻火器和止回阀等，如图1-8所示。其作用是防止外部火焰进入有燃烧爆炸危险的设备、管道、容器，或阻止火焰在设备和管道间的扩展。

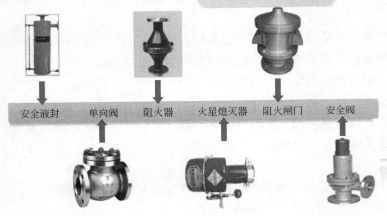

图1-8　防火防爆安全设施

6. 粉尘爆炸的预防

（1）减少粉尘在空气中的浓度。采用密闭性能良好的设备，尽量减少粉尘飞散逸出，同时要安装有效的通风除尘设备，加强清扫工作。

（2）控制室内温度。

（3）改善设备，控制火源。有粉尘爆炸危险的场所，都要采用防爆电机、防爆电灯、防爆开关。

（4）事先控制爆炸的范围。

（5）控制温度和含氧程度。凡有粉尘沉积的容器，要有降温措施，必要时还可以充入惰性气体，以冲淡氧气的含量。

项目四　掌握火灾应急方法

任务一　了解火灾探测与报警

很多人面对火灾总是惊慌失措，导致严重的后果。遭遇火灾，我们应该冷静，应采取正确、有效的方法，使人员伤害和财产损失降低到最少。

火灾自动报警系统由火灾探测器和火灾报警控制器组成。

1. 火灾探测器

（1）火灾探测器的作用　火灾探测器是系统的"感觉器官"，它的作用是监视环境中有没有火灾的发生。一旦有了火情，就将火灾的特征物理量，如温度、烟雾、气体和辐射光强等转换成电信号，并立即动作，向火灾报警控制器发送报警信号。

（2）火灾探测器的分类　根据火灾探测器探测火灾参数的不同，可以将其划分为感温、感烟、感光、气体和复合式等，如图1-9所示。

图1-9　各类火灾探测器

① 感温火灾探测器。响应异常温度、温升速率和温差的火灾探测器。又可分为定温式和差温式。

② 感烟火灾探测器。响应燃烧或热解产生的固体或液体微粒的火灾探测器。由于它能探测物质燃烧初期所产生的气溶胶或烟雾粒子的浓度，因此，有的国家称感烟火灾探测器为"早期发现"探测器。

③ 感光火灾探测器。响应火焰辐射出的红外线、紫外线、可见光的火灾探测器，又称火焰探测器。

④ 气体火灾探测器。响应燃烧或热解产生的气体的火灾探测器。在易燃易爆场合中主要探测气体（粉尘）的浓度，一般调整在爆炸下限浓度的1/6 ～ 1/5时报警。

⑤ 复合式火灾探测器。响应两种以上火灾参数的火灾探测器。主要有感温感烟火灾探测器、感光感烟火灾探测器、感光感温火灾探测器等。

2. 火灾报警控制器

火灾报警控制器是系统的"心脏"，具有下述几个功能。

① 接收火灾信号并启动火灾报警装置。该设备也可用来指示着火部位和记录有关信息。

② 通过火警发送装置启动火灾报警信号，或通过自动消防灭火控制装置启动自动灭火设备和消防联动控制设备。

③ 自动监视系统的正确运行和对特定故障给出声、光报警。

火灾探测器的选择

① 对火灾初期有阴燃阶段，产生大量的烟和少量的热，很少或没有火焰辐射的场所，应选择感烟探测器。

② 对火灾发展迅速，可产生大量热、烟和火焰辐射的场所，可选择感温探测器、感烟探测器、火焰探测器或其组合。

③ 对火灾发展迅速，有强烈的火焰辐射和少量的烟、热的场所，应选择火焰探测器。

④ 对火灾形成特征不可预料的场所，可根据模拟试验的结果选择探测器。

⑤ 对使用、生产或聚集可燃气体或可燃液体蒸气的场所，应选用气体探测器。

❋ **想一想**

如何正确报火警？

首先拨打报警电话"119"，接通电话后要沉着冷静，向接警中心讲清失火单位的名称、详细地址、什么东西着火、火势大小及范围、有无人员伤亡。同时把自己的电话号码和姓名告诉对方，以便联系。注意要让对方先挂电话。

任务二 掌握火灾扑救方法

1. 火灾分类

火灾根据可燃物的类型和燃烧特性，分为A、B、C、D、E、F 6类，分类方法及示例见表1-6所示。

表1-6 火灾分类

类别	可燃物类型	举例
A	固体	木材、煤、毛、麻、纸张
B	液体或可熔化的固体	柴油、甲醇、沥青、石蜡
C	气体	天然气、煤气、丙烷、氢气
D	金属	钾、钠、镁、铝镁合金
E	带电物体	带电燃烧的物体
F	烹饪器具内的烹饪物火灾	动植物油脂

2. 灭火方法

（1）窒息灭火法　使燃烧物质断绝氧气的助燃而熄灭。

（2）冷却灭火法　使可燃烧物质的温度降低到燃点以下而终止燃烧。

（3）隔离灭火法　将燃烧物体附近的可燃烧物质隔离或疏散开，使燃烧停止。

（4）抑制灭火法　使灭火剂参与到燃烧反应过程或去使燃烧中产生的自由基消失而使燃烧反应停止。

3. 常用灭火剂及其选择

（1）水　水是应用最广泛的天然灭火剂，灭火作用见表1-7所示。

表1-7　水的灭火作用

冷却作用	水的热容很大，当水与炽热的燃烧物接触时，会大量吸收燃烧物的热量，使其冷却
窒息作用	水遇到炽热燃烧物而汽化产生大量水蒸气，显著降低燃烧区的含氧量
乳化作用	喷雾水扑救非水溶性可燃液体火灾时，可在表面形成一层由水和非水溶性液体组成的乳状物，从而减少可燃液体的蒸发量，阻止继续燃烧
水力冲击作用	水在机械作用下，高压的密集水流强烈冲击燃烧物和火焰，冲散并减弱燃烧强度而达到灭火目的

❋ 想一想

哪些场合不能用水灭火呢？

（2）泡沫灭火剂　泡沫灭火剂可分为空气泡沫灭火剂和化学泡沫灭火剂。空气泡沫是通过搅拌而生成的，泡沫中的气体为空气，灭火作用如图1-10所示。

图1-10　空气泡沫的灭火作用

化学泡沫是指由两种药剂的水溶液通过化学反应产生的灭火泡沫。作为内药剂的酸性粉有硫酸铝等，作为外药剂的碱性粉有碳酸氢钠等。使用时，通常倒置灭火器，使内药与外药混合发生反应，产生二氧化碳，通过冷却、抑制燃烧蒸发和隔离氧气的作用灭火。

除了以上2种灭火剂外，还有蛋白泡沫、氟蛋白泡沫、水成膜泡沫、抗溶性泡沫和合成泡沫灭火剂等。

（3）干粉灭火剂　干粉灭火剂是一种干燥的、易于流动的固体粉末，一般借助于灭火器或灭火设备中的气体压力，将干粉从容器中喷出，以粉雾形态扑救火灾。干粉灭火剂可分为普通干粉和多用干粉两大类。普通干粉是以碳酸氢钠为基料，多用干粉主要是以磷酸铵盐为基料。干粉灭火剂的灭火机理包括抑制作用和窒息作用，见图1-11所示。

抑制作用	窒息作用
燃烧反应是一种连锁反应，当大量干粉以雾状形式喷向火焰时，可以大大吸收火焰中的活性基团，使其数量急剧减少，中断燃烧的连锁反应从而使火焰熄灭	当干粉喷射到灼热的燃烧物表面时，产生一系列化学反应，在燃烧物表面生成一个玻璃状覆盖层，使燃烧物表面与空气中的氧隔开，从而使燃烧窒息

图1-11　干粉灭火剂的灭火机理

（4）二氧化碳灭火剂　二氧化碳是一种不燃烧、不助燃的惰性气体，而且价格低廉，易于液化，便于灌装和储存，是一种常用的灭火剂。

二氧化碳灭火剂的主要灭火作用是窒息作用。此外，二氧化碳灭火剂平时以液态的形式储存在灭火器或压力容器中，当二氧化碳喷出时，汽化吸收本身热量，使部分二氧化碳变为固态的干冰，干冰汽化时要吸收燃烧物的热量，对燃烧物有一定冷却作用。

（5）各类灭火剂的适用场合

水能扑救大部分固体火灾，但不能用于以下物质的扑救：相对密度小于水和不溶于水的易燃液体（如苯类、汽油等）；遇水燃烧物（如活泼金属钾、钙、钠等）；强酸性物质（如硫酸、硝酸、盐酸等）；未切断电源的电器设备；高温状态下的化工设备；熔化的铁水、钢水。

化学泡沫灭火剂主要用于扑救油类等非水溶性可燃、易燃液体的火灾，但不能用来扑救忌水、忌酸的化学物质和电气设备的火灾。空气泡沫灭火剂主要用于扑救各类不溶于水的可燃、易燃液体和一般可燃固体的火灾；抗溶性泡沫灭火剂，主要用于扑救甲醇、乙醇、丙酮等水溶性可燃液体的火灾。

干粉灭火剂一般用于扑救可燃固体、液体、气体及带电设备、轻金属（如钠、钾等）的火灾，但对于一些扩散性很强的易燃气体（如乙炔、氢气等）灭火效果不佳，由于灭火后留有残渣，也不宜用于精密机械、仪器的灭火。

二氧化碳灭火剂适用于扑灭精密仪器、一般电气火灾以及一些不能用水扑救的火灾。

使用二氧化碳灭火器时应防止冻伤，灭火后人员应迅速离开，室内灭火后要打开门窗，以防窒息。

4. 灭火设施

化工装置配备的灭火设施一般包括水喷淋、惰性气体、蒸气、泡沫释放等灭火设施，消火栓、高压水枪（炮）、消防车、消防水管网、消防站等，见图1-12所示。

图1-12　化工装置常用灭火设施

5. 石油化工火灾扑救基本原则和方法

扑救石油化工火灾一般按堵截冷却、火灾扑救和防止复燃3个阶段展开（图1-13）。

图1-13　扑救石油化工火灾的过程

（1）堵截冷却

① 关阀断料。这是控制火势发展最基本的措施。在实施关阀断料时，要选择离燃烧点最近的阀门予以关闭。

② 设备冷却。不同状态下的设备可采取不同的处理方法。对着火的高压设备，在冷却的同时要采取工艺措施，降低其内部压力；对着火的负压设备，在积极冷却的同时，应关闭进、出料阀，防止回火爆炸。

③ 堵截蔓延。这是控制火灾扩大的前提。对外泄可燃气体的高压反应釜等设备引起的火灾，应在关闭进料阀，切断气体来源的同时，迅速用喷雾水或蒸气在下风方向稀释外泄气体，防止与空气混合形成爆炸性混合物。对地面液体流淌火，应筑堤围堵，把燃烧液体控制在一定范围内。

（2）火灾扑救　石油化工企业设置的固定灭火设施是用于控制和扑救初期火灾的有效手段，只要这些设施在火灾或爆炸发生后未遭到损坏，就应充分地加以利用，这往往是及时控制火势，防止发生爆炸的关键。

固定灭火设施主要有装置区之间的消防幕、装置附近设置的消防炮、油罐内的固定泡沫灭火系统、储罐顶部喷淋设施、装置平台及油泵房的蒸气灭火设施等。

（3）防止复燃　即使火焰被扑灭后，也必须对着火设备继续维持冷却和泡沫覆盖，以免逸出过多的油气发生复燃。

加强安全防护，避免人身伤亡！

保证安全，才能有效地消灭火灾，这是灭火战斗实践证明的一条必须遵守的灭火行动准则。

实战演练　灭火器的选择与应用

【任务介绍】

某化工企业常减压车间一个高压配电柜因线路老化发生火情，热感与烟感报警器报警，请利用所学知识完成初期火灾的扑救。

【任务分析】

分解任务一　火灾的分类

利用所学知识完成下列搭配连线。

A 类火灾　　　　　　　　气体火灾

B 类火灾　　　　　　　　金属火灾

C 类火灾　　　　　　　　电器火灾

D 类火灾　　　　　　　　液体（可熔化固体）火灾

E 类火灾　　　　　　　　厨房用品火灾

F 类火灾　　　　　　　　固体火灾

分解任务二　危险因素分析

根据本任务的情境，写出扑灭初期火灾的危险因素，提出防护措施，完成下表。

序号	危险因素	危害后果	防护措施
1			
2			
3			
4			
5			
6			
7			
8			

分解任务三　灭火器的选择

根据任务情境，为了快速地扑灭工作站初期火灾，请选择正确的灭火器，并按照正确的步骤进行扑救：

你所选择的灭火器是（　　　）。

A. 干粉灭火器　　　　　　　　　　B. 泡沫灭火器

C. 二氧化碳灭火器　　　　　　　　D. 水型灭火器

灭火器的使用步骤：

1._____

2._____

3._____

4._____

【任务实施】

利用选择的灭火器,到火灾现场(模拟)完成扑救作业。

单元小结

1.认识燃烧:燃烧的特征;燃烧三要素;燃烧的过程;闪燃、着火与自燃。

2.认识爆炸:爆炸的种类;爆炸极限的定义和意义;粉尘爆炸的概念、特点与发生过程。

3.化工防火防爆技术:点火源的控制;可燃物质的控制;自动控制和安全保护装置;化工防火防爆设施。

4.化工火灾扑救:火灾的分类;火灾的探测和报警灭火剂的种类及选用;化工装置常用灭火设施;化工火灾的扑救。

自我测试

1.燃烧是一种(　　)过程。

A.物理　　　　　　B.化学　　　　　　C.生物

2.燃烧的三要素是(　　)。

A.可燃物、助燃物、燃点　　　　B.可燃物、空气、点火源

C.可燃物、助燃物、闪点　　　　D.可燃物、助燃物、点火源

3.(　　)是评价液体火灾危险性大小的最主要依据。

A.燃点　　　　　B.闪点　　　　　C.着火点　　　　　D.沸点

4.不属于化学爆炸的是(　　)。

A.粉尘爆炸　　　　　　　　B.炸药爆炸

C.容器超压爆炸　　　　　　D.环氧乙烷分解爆炸

5.爆炸极限是指易燃易爆物质发生爆炸的(　　)。

A.浓度下限值　　　　　　　B.浓度范围值

C.温度下限值　　　　　　　D.温度范围值

6.精密仪器火灾一般用(　　)灭火剂来扑救。

A.水　　　B.二氧化碳　　　C.泡沫　　　　D.干粉

7.使可燃烧物质的温度降低到燃点以下而终止燃烧的方法是(　　)。

A.冷却法　　　B.隔绝法　　　C.窒息法　　　D.抑制法

8.化工生产中常用的惰性气体有(　　)。(可多选)

A.氮　　　　　B.二氧化碳　　　C.水蒸气

D.烟道气　　　E.一氧化碳　　　F.二氧化氮

9.请判断下列物品储存或生产过程中的火灾危险性类别。

乙醇_____　　氢气_____　　过氧化钾_____　　石棉_____

金属钠_____　　黄磷_____　　煤油_____　　氢氧化钠_____

10.动设备的轴承应及时_____,保持良好的_____,并经常清除附着的可燃污垢。

11.列举出5种可燃物质及其闪点值，并比较它们燃烧的难易程度。

12.从爆炸的后果及危害的角度比较气体混合物的爆炸和粉尘爆炸。

13.简述粉尘爆炸的过程。

14.简述粉尘爆炸的预防措施。

15.水不能用于扑救哪些种类的火灾？

16.简述石油化工火灾扑救的一般方法。

单元二　化工电气安全

电的发现和应用极大地节省了人类的体力劳动和脑力劳动，使人类的力量长上了"翅膀"。然而如果在生产和生活中不注意安全用电，会带来灾害。例如，触电可造成人身伤亡；设备漏电产生的火花可造成火灾爆炸。让我们一起走进电的世界，熟悉电的特性，学会安全用电。

项目一　了解触电防护方法

电的安全隐患最为显著的便是人员触电。为了达到安全用电的目的，必须采用可靠的技术措施，防止触电事故发生。绝缘、安全间距、漏电保护、安全电压、遮栏及阻挡物等都是防止直接触电的防护措施。保护接地、保护接零是间接触电防护措施中最基本的措施。

任务一　认识触电种类和方式

1. 触电事故种类

按照触电事故的构成方式，触电事故可分为电击和电伤。

（1）电击　电击是电流对人体内部组织的伤害，是最危险的一种伤害，绝大多数的触电死亡事故都是由电击造成的。电击的主要特征有以下几方面。

① 伤害人体内部。

② 在人体的外表没有显著的痕迹。

③ 致死电流较小。

（2）电伤　电伤是由电流的热效应、化学效应、机械效应等对人体造成的伤害。尽管大约85%以上的触电死亡事故是由电击造成的，但其中大约70%的含有电伤成分，电伤的分类如图2-1所示。

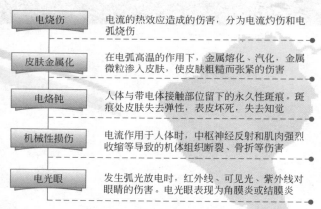

电烧伤	电流的热效应造成的伤害，分为电流灼伤和电弧烧伤
皮肤金属化	在电弧高温的作用下，金属熔化、汽化，金属微粒渗入皮肤，使皮肤粗糙而张紧的伤害
电烙钝	人体与带电体接触部位留下的永久性斑痕。斑痕处皮肤失去弹性，表皮坏死，失去知觉
机械性损伤	电流作用于人体时，中枢神经反射和肌肉强烈收缩等导致的机体组织断裂、骨折等伤害
电光眼	发生弧光放电时，红外线、可见光、紫外线对眼睛的伤害。电光眼表现为角膜炎或结膜炎

图2-1　电伤的分类

2. 触电方式

按照人体触及带电体的方式和电流流过人体的途径，电击可以分为单相触电、两相触电和跨步电压触电。

（1）单相触电　当人体直接碰触带电体中的一相时，电流通过人体流入大地，这种触电现象称为单相触电，如图2-2所示。如高压架线断线，人体碰及断导线往往会导致触电事故。此外，在高压线路周围施工，未采用安全措施，碰及高压导线触电事故也时有发生。

火线
零线

图2-2　单相触电

（2）两相触电　人体同时接触带电设备或线路中的两相导体，电流从一相导体通过人体流入另一相导体，构成一个闭合回路，这种方式称为两相触电，如图2-3所示。

（3）跨步电压触电　当电气设备发生接地故障，接地电流通过接地体向大地流散，在地面上形成电位分布时，若人在接地适中点周围行走，其两脚之间的电位差，就是跨步电压。由跨步电压引起的人体触电，称为跨步电压触电，如图2-4所示。

图2-3　两相触电

图2-4　跨步电压触电

❀ 想一想

小鸟站在高压线上为什么不会触电？

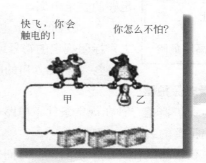

任务二　了解触电防护措施

为了达到安全用电的目的，必须采用可靠的技术措施，防止触电事故发生。绝缘、安全间距、漏电保护、安全电压、遮栏及阻挡物等都是防止直接触电的防护措施。保护接地、保护接零是间接触电防护最基本的措施。

1. 绝缘

（1）绝缘的作用　绝缘是用绝缘材料把带电体隔离起来，使设备能长期安全、正常地工作，同时可以防止人体触及带电部分，避免发生触电事故。胶木、塑料、橡胶、云母及矿物油等都是常用的绝缘材料。

（2）绝缘破坏与电击穿　绝缘材料经过一段时间的使用会发生绝缘破坏。绝缘材料自然老化、机械损伤、潮湿、腐蚀、热老化等会降低其绝缘性能或导致绝缘破坏。绝缘体承受的电压超过一定数值时，电流穿过绝缘体而发生放电的现象称为电击穿。

绝缘需定期检测，保证电气绝缘的安全可靠。

（3）绝缘安全用具　在一些情况下，手持电动工具的操作者必须戴绝缘手套、穿绝缘鞋，或站在绝缘垫上工作，使人与地面或与工具的金属外壳隔离开来。

绝缘用具应经常检查！

2. 屏护

屏护是指采用遮栏、围栏、护罩或隔离板等把带电体同外界隔绝开来，以防止人体触及或接近带电体所采取的一种安全技术措施。

屏护装置不直接与带电体接触，对所用材料的电性能没有严格要求。但是金属材料的屏护装置，为了防止其意外带电造成触电事故，必须将其接地或接零。

有　电
危　险

止　步
高压危险

屏护装置应用广泛，如配电装置的遮栏、开关的罩盖、母线的护网等。

① 屏护装置应与带电体之间保持足够的安全距离。

② 被屏护的带电部分应有明显标志，标明规定的符号或涂上规定的颜色。

③ 遮栏出入口的门上应根据需要装锁，或采用信号装置、联锁装置。

3. 漏电保护器

漏电保护器是一种在规定条件下电路中漏电电流值达到或超过其规定值时能自动断开电路或发出报警的装置。

漏电保护器动作灵敏，切断电源时间短，因此只要能够合理选用和正确安装使用漏电保护器，除了能保护人身安全外，还能防止电气设备损坏及预防火灾。

必须安装漏电保护器的设备和场所

① 属于Ⅰ类的移动式电气设备及手持式电气工具。
② 安装在潮湿、强腐蚀性等恶劣环境场所的电器设备。
③ 临时用电的电器设备。
④ 宾馆饭店内及机关、学校、住宅等建筑物内的插座回路。
⑤ 安装在水中的供电线路和设备。
⑥ 医院在直接接触人体的电气医用设备。
⑦ 其他需要安装漏电保护器的场所。

4. 安全电压

把可能加在人体身上的电压限制在某一范围之内，使得在这种电压下，通过人体的电流不超过允许的范围，这种电压叫做安全电压。但应注意，任何情况下都不能把安全电压理解为绝对没有危险的电压。我国确定的安全电压标准是42V、36V、24V、12V、6V，不同场合安全电压的规定如图2-5所示。

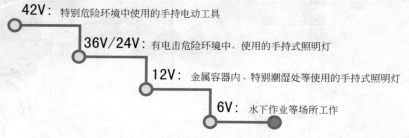

- **42V：** 特别危险环境中使用的手持电动工具
- **36V/24V：** 有电击危险环境中，使用的手持式照明灯
- **12V：** 金属容器内、特别潮湿等使用的手持式照明灯
- **6V：** 水下作业等场所工作

图2-5　不同场合下的安全电压值

5. 安全间距

安全间距是指在带电体与地面之间、带电体与其他设施设备之间、带电体与带电体之间保持的一定安全距离。设置安全间距的目的是：防止人体触及或接近带电体造成触电事故；防止车辆或其他物体碰撞或过分接近带电体造成事故；防止电气短路事故、过电压放电和火灾事故；便于操作。安全间距的大小取决于电压高低、设备类型、安装方式等因素。

（1）线路间距　导线与导线、树木、地面、水面、建筑物等的距离有安全规定。其中，导线到建筑物的最小距离如表2-1所示。

表2-1　导线与建筑物的最小距离　　　　　　　　　　　　　　　　　　　单位：m

线路电压/kV	≤1	10	35
水平距离	1.0	1.5	3.0
垂直距离	2.5	3.0	4.0

（2）设备间距　为了工作人员安全和操作方便，配电装置以外需要保持必要的安全通道。如在配电室内，低压配电装置正面通道宽度，单列布置应不小于1.5m。室内变压器与四壁应留有适当距离。

（3）检修间距　在维护检修中人体及所带工具与带电体之间必须保持的足够的安全距离。在低压工作中，人体及所携带的工具与带电体距离不应小于0.1m。

6. 接零与接地

工人在生产过程中经常接触的是电气设备不带电的外壳或与其连接的金属体。当设备发生漏电时，平时不带电的外壳就带电，操作人员极易触电。为了消除这类隐患采取的主要措施是保护接零或保护接地。

（1）保护接零　将电气设备在正常情况下不带电的金属外壳与变压器中性点引出的工作零线或保护零线相连接，这种方式称为保护接零，如图2-6所示。当某相带电部分碰触电气设备的金属外壳时，通过设备外壳形成该相线对零线的单相短路回路，该短路电流较大，足以保证在最短的时间内使熔丝熔断、保护装置或自动开关跳闸，从而切断电流，保障人身安全。

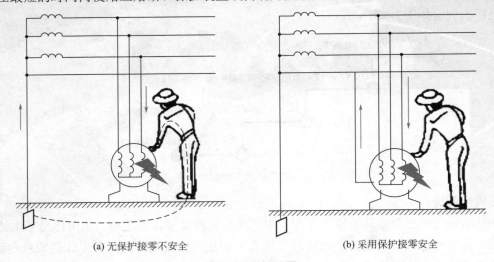

(a) 无保护接零不安全　　　　　(b) 采用保护接零安全

图2-6　保护接零

（2）保护接地　保护接地是指将电气设备平时不带电的金属外壳用专门设置的接地装置实行良好的金属性连接，如图2-7所示。保护接地的作用是当设备金属外壳意外带电时，将其对地电压限制在规定的安全范围内，消除或减小触电的危险。保护接地最常用于低压不接地配电网中的电气设备。

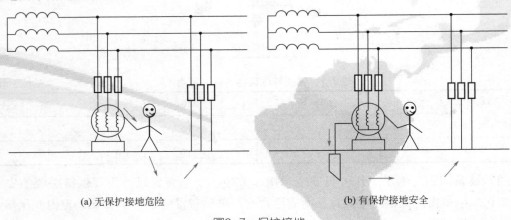

(a) 无保护接地危险　　　　　(b) 有保护接地安全

图2-7　保护接地

7. 防爆电气设备

防爆电气设备主要用于煤炭、石油及化工等含有易燃易爆气体及粉尘的场所，包括防爆电机、防爆电气2大部分，后者又包括防爆变压器、防爆开关、防爆继电器等，用"Ex"表示。

（1）防爆电气的原理　防爆电气的防爆原理有如下4种。

① 外壳能承受内部爆炸性混合物爆炸的压力，阻止爆炸向外传播。

② 电气产生的电火花和热效应能量，小于爆炸性混合物的最小点火能。

③ 采用通风、充油、气密等途径使点火源与周围爆炸性混合物隔离。

④ 不产生电火花和热效应。

（2）防爆电气类型　根据不同的结构和原理，防爆电气主要有以下类型，如图2-8所示。

爆炸性危险环境中，根据防爆区域等级选用特定类型的防爆电气（防爆区域划分见附录三）。

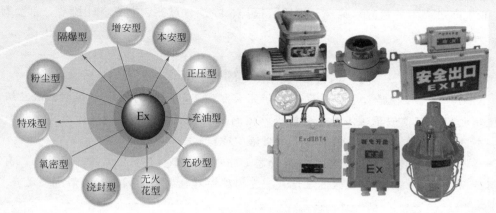

图2-8　防爆电气种类

项目二　掌握化工防雷防静电措施

静电技术在现代科技领域中发挥着极其重要的作用，然而它同火一样，不仅对科技进步和社会发展起到重要的推动作用，也会给人类带来损失和灾祸。

任务一　认识静电

人们对电的认识最早是从静电开始的。两种性质不同的物质相互摩擦后，就具有了某种吸引力。例如，用毛皮摩擦琥珀后能吸引纸屑，这便是静电作用。人们穿着化纤服装，夜晚在黑暗处脱下时，会发出闪闪的小火花，并伴有轻微的"啪啪"声，这是经常可见的静电放电现象。

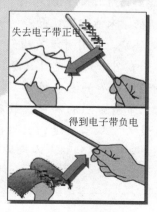

1. 静电的产生

静电是由于物体的摩擦而产生的。两种物体紧密接触时，一物体把电子传给另一物体，失去电子的物体带正电，得到电子的物体带负电。因此，两种物体接触后再分离时就分别带有电荷，即产生了静电。

除不同的物质由于摩擦产生静电外，撕裂、剥离、拉伸、撞击等也可能产生静电。例如，工业生产过程中的粉碎、筛选、滚压、搅拌、喷涂、过滤、抛光、印刷等，都会有静电荷产生。

古代人类对静电的初步认识

2500年前，古希腊哲学家塔勒斯在研究天然磁石的磁性时发现用丝绸、法兰绒摩擦琥珀之后也有类似于磁石能吸引轻小物体的性质。所以，塔勒斯成为有历史记载的第一个静电实验者。电这个词起源于希腊语"琥珀"。

公元3世纪，我国晋朝张华的《博物志》中也有记载："今人梳头，解著衣，有随梳解结，有光者，亦有咤声"这里记载头发因摩擦起电发出的闪光和"噼啪"之声。

2. 静电的危害

静电技术在现代科技领域中发挥着极其重要的作用，如在高能物理方面的"静电加速器"，工业生产中的"静电喷漆""静电除尘"，办公用的"静电复印"等技术。

但某种程度上，静电也会给人类带来灾难。从消防安全角度看，静电会引发火灾爆炸事故。当带电体与不带电体或低电位物体接近时，如电位差达到300V以上，就会产生放电现象，并产生火花，进而可能引发火灾甚至爆炸。

普通毛衣　导致炸机

1967年春天，入侵越南的美军在前方与越南人民军激烈交战。美军一批伤员需要及时转移后方医院抢救。当时地面交通已基本中断，于是派出了一批直升机到前线空运伤员。这天，越南西贡机场一架满载伤员的直升机飞抵机场上空正徐徐降落。正当飞行员把高度一再压低与地面越来越近时，突然一声山崩地裂的巨响，直升机神秘地在空中爆炸了！所有在场的地面人员亲眼目睹了这一可怕的情景。碎片散落四方，不少乱飞的废铁残钢还伤及了离爆炸点很近的地面人员。那些在前线逃生的伤员们指望到后方保住性命，不料却飞来横祸，未能逃脱死劫。

直升机突如其来的爆炸颇为蹊跷。当时并没有遭到越军的突然袭击，直升机带有炸弹的怀疑也经过周密勘测排除在外。那么是什么原因导致其自爆呢？专家们从散落地面的残存物里找到一小块还未燃尽的毛衣碎片，有人认出那是直升机副驾驶员的毛衣。经过测试后发现毛衣上带着强烈的静电。最后分析得出，罪魁祸首就是这件普普通通的化纤毛衣。可能是大家从前线返回，心情舒畅、情绪放松，机内温度又较高，副驾驶员在脱毛衣的过程中强烈的静电在摩擦中产生火花导致起火，进而引起爆炸。

3. 易产生静电的过程

（1）固体物质　带电固体物质大面积的摩擦，如纸张与卷轴的摩擦；橡胶或塑料的碾制；传动皮带与皮带轮或导轮的摩擦；固体物质在挤出、过滤时与管道、过滤器等发生的摩擦；固体物质的粉碎、研磨和搅拌过程等，均可能产生静电。

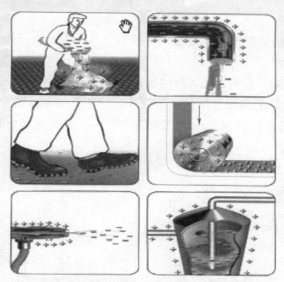

（2）易燃可燃液体 带电易燃可燃液体流动时，相互碰撞、喷溅、与管壁摩擦或冲击容器器壁，都能产生静电。例如，液体在管道中流动；液体运输中晃动；液体通过多孔或网状的过滤装置；向储罐中灌注液体等过程均容易产生静电。

（3）压缩气体和液化气体 带电氢气、乙烯、乙炔、天然气、液化石油气等从管口或破损处高速喷出时能产生静电。产生静电的主要原因是气体中含有固体或液体杂质在高速喷出时与喷口发生强烈摩擦所致。

任务二 掌握化工防静电措施

在静电放电引起火灾爆炸的条件中只要消除其中一个就能达到防静电起火爆炸的目的，如图2-9所示。

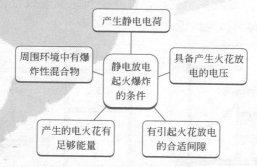

图2-9 静电放电起火爆炸条件

1. 利用工艺控制方法减少静电的产生

① 减少传动皮带与带轮之间的摩擦。

② 选用合适材质的管道设备。

③ 限制易燃可燃液体在管道中的流速。

④ 灌装油品采用底部注油方式操作。

2. 静电接地

静电接地是防静电的重要措施。接地可将静电电荷导入大地，使带电体静电荷积累不超过一定电位。

① 能产生静电的管道、设备，如各种储罐、反应器等金属体，均应连成一个整体并接地。

② 在有火灾爆炸危险的场所使用的金属用具、门把手、金属梯子等均应接地。

③ 为了防止感应带电，凡在有静电产生的场所内，靠近的平行管道与相交管道都应按规定跨接。

以上几种情况如图2-10所示。

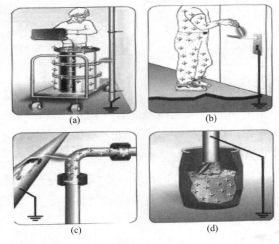

(a)　　　　　(b)

(c)　　　　　(d)

图2-10　静电接地示意（一）

④ 法兰连接至少应用2个以上螺栓作连接，螺栓安装前其接触部位应除锈、加铅或镀锡垫圈。

⑤ 罐车、油船等移动式容器的停留处，要装设专用的接地接头，以便移动设备接地，如图2-11所示。当罐车、油槽汽车到位后，打开罐盖之前要进行接地。注液完毕，拆掉软管，经一定时间的静置，再将接地线拆开。

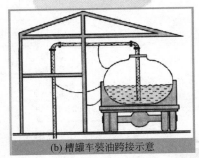

(a) 油桶接地示意　　　　(b) 槽罐车装油跨接示意

图2-11　静电接地示意（二）

3. 增加空气湿度

在条件允许时，采取喷水方法提高设备内部和设备周围空气的相对湿度，来增加空气的导电性能，以消除静电积聚。增湿的具体方法可采用通风系统进行调湿、地面洒水、挂湿布条以及喷放水蒸气等方法。增湿空气

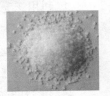

抗静电剂

不仅有利于静电的导出，还能提高爆炸性混合物的最小点火能量，有利于防爆。

4. 加抗静电添加剂

抗静电添加剂是一种表面活性剂，它可使非导体材料增加吸湿性或离子性，使其电阻系数降低，绝缘性能受到一定的破坏，以达到消除静电的目的。

抗静电添加剂种类繁多，如无机盐表面活性剂、无机半导体、有机半导体、高聚物等。

5. 防止人体带电

在有火灾、爆炸危险的场合，操作人员不要穿化纤衣服，宜穿布底鞋或导电的胶底鞋；工作地面应采用导电性能好的水泥地面或采用导电橡胶的地板。

❋ 想一想

人体为什么会带静电？

当人行走在绝缘地板上时会产生静电；人体会与所穿的衣服、鞋帽、手套产生摩擦，衣服与周围物体、鞋子与地板、手与工件之间都可产生摩擦；当人体靠近带电物体时，也会感应出大小相等、符号相反的电荷以及带电颗粒的吸附，所有这些都是人体产生静电电荷的诱因，进而通过传导和静电感应，最终使人体呈带电状态。

任务三　了解化工防雷措施

1. 雷电的概念及危害

根据雷电的不同形状，雷电大致可分为片状、线状和球状3种形式。片状雷电是在云间发生，对人们影响不大；线状雷电就是比较常见的闪电落雷现象；球状雷简称"球雷"，它是一种紫色或红色的发光球体，直径从几毫米到几十米，存在的时间一般为3～5s。雷电的危害如图2-12所示。

电效应	热效应	机械效应
雷电放电时，能产生高达数十万伏的冲击电压，足以烧毁发电机、变压器等电气设备和线路，引起绝缘击穿而发生短路，导致易燃、易爆物品着火和爆炸	当几十至上千安的强大雷电流通过导体时，在极短的时间内将转换成大量的热能。雷击点的发热能量可熔化50～200mm³的钢，其产生的高温足以酿成火灾	雷电的热效应将使空气剧烈膨胀，同时使水分及其他物质分解为气体，因而在被雷击物体内部出现强大的机械压力，致使被击物体遭受严重破坏或造成爆炸

图2-12　雷电的危害

2. 化工防雷保护装置

（1）直击雷的防护　防直击雷的保护装置，是由接闪器、引下线和接地装置组成的，如图2-13所示。避雷针是使用最广的一种接闪器；引下线是接闪器与接地装置连接用的金属导

45

体；接地装置包括接地线和接地体。

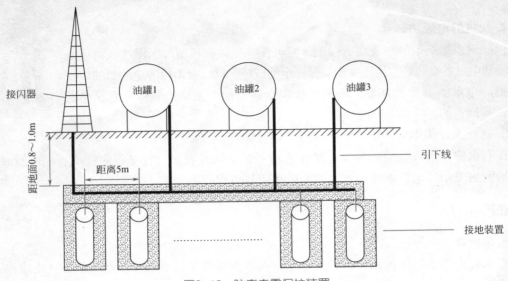

图2-13 防直击雷保护装置

（2）感应雷的防护 感应雷的防护措施主要是对工业建构筑物而采取的，因为这类建构筑物中有很多的金属管道和构件等，雷击放电时，导体上会发生静电感应和电磁感应，金属部件之间产生电火花或电弧放电，易引燃爆炸性混合物造成火灾。工业建构筑物为防静电感应要将其内部的所有金属物和突出屋面的金属物连接，并接在接地装置上。

富兰克林与避雷针

富兰克林把一根数米长的细铁棒固定在高大建筑物的顶端，在铁棒与建筑物之间用绝缘体隔开，然后用一根导线与铁棒底端连接，再将导线引入地下，富兰克林把这种装置称为避雷针。经过试用，果然能起避雷的作用。避雷针在最初发明与推广时，教会曾把它视为不祥之物，说是装上了这种东西，会引起上帝的震怒而遭到雷击，但事实证明拒绝安置避雷针的一些高大教堂在大雷雨中相继遭雷击。而比教堂更高的建筑物由于已装上避雷针，却安然无恙。

由于避雷针已在费城等地初显神威，它立即传到北美各地，随后又传入欧洲。避雷针传入法国后，富兰克林成了人们崇拜的偶像。他的肖像被人们珍藏在枕头下面，而仿照避雷针式样的尖顶帽成了1778年巴黎最摩登的帽子。

实战演练 触电急救

【任务介绍】

罐区操作工小王接到班长指令，完成罐区P1701泵和P1702的切换，在启动P1702泵时，因电箱意外带电而不慎触电倒地，请利用所学知识，完成对小王的急救。

【任务分析】

分解任务一　急救方案分析

根据任务情境，完成下列步骤排序

A.将触电人员脱离带电体

B.切断电源

C.拨打应急电话

D.评估伤员情况，看护伤员，若意识丧失，心脏骤停进行心肺复苏

你认为的正确步骤是_____、_____、_____、_____。

分解任务二　心肺复苏急救方案制订

通过大家的努力，小王已经成功脱离了触电源，经过现场评估，小王呼吸心跳俱无，为了最大限度地挽救工友的生命，在医生到来前我们要对小王进行心肺复苏，结合本书单元五项目三心肺复苏操作规范，完成下列心肺复苏急救步骤。

1._____

2._____

3._____

4._____

5._____

6._____

【任务实施】

根据制订的急救方案，利用实训装置完成实训操作。

单元小结

1.触电及其防护：触电方式及危害；触电防护措施和技术。

2.静电及其防护：静电的概念；静电的产生和危害；化工防静电措施。

3.雷电及其防护：雷电的产生；雷电的种类；雷电的危害；雷电防护措施。

自我测试

1.（　　）属于电击伤害。

A.电烧伤　　　　　B.电光眼　　　　　C.心脏骤停　　　　　D.皮肤金属化

2.漏电保护器是一种在规定条件下电路中漏电电流值达到或超过其规定值时（　　）断开电路或发出报警的装置。

A.手动　　　　　B.电动　　　　　C.自动

3.进入储罐进行检修作业时，照明设施的安全电压为（　　）。

A.6V　　　　　B.12V　　　　　C.24V　　　　　D.36V

4.在低压工作中，人体及所携带的工具与带电体距离不应小于（　　）。

A.0.1m　　　　　B.1m　　　　　C.1.5m　　　　　D.10m

5. 防爆电气设备常用（　　　）标志表示。

A. Ax   B. Ar   C. Ex   D. Er

6. 一般来说，电阻率越大的非导体越容易带电。（　　　）

7. 避雷针是直击雷的防护设施。（　　　）

8. 触电可以分为＿＿＿＿＿＿＿＿＿和＿＿＿＿＿＿＿＿＿＿。

9. 按照人体触及带电体的方式和电流流过人体的途径，电击可以分为＿＿＿＿＿＿＿＿＿＿、＿＿＿＿＿＿＿＿＿＿和＿＿＿＿＿＿＿＿＿＿。

10. 直击雷防护装置一般由＿＿＿＿＿＿＿＿＿、＿＿＿＿＿＿＿＿＿＿和＿＿＿＿＿＿＿＿＿＿构成。

11. 简述常见的触电防护措施。

12. 简述静电在工业生产上的危害。

13. 简述化工防静电措施。

单元三　危险化学品

　　据美国化学文摘登录，目前全世界已有的化学品多达700万种，每年新出现化学品有1000多种。化学品虽然有着繁多的用途，可它们的一些特性却在威胁着人们，有毒、有害、易燃、易爆、腐蚀等，学会认识化学品的方法，了解化学品的危害因素，才能在与化学品共处的时候保护好自己。

项目一　认识危险化学品的分类

化学品给人类的生活带来了巨大的便利，极大地提高和改善了人们的生活质量。但是，由于其固有的危险特性，化学品对人类或环境存在的潜在危害变得越发突出。为此，需要对化学品的危害性进行全球统一的分类和标记。

任务一　认识GHS

1. GHS（全球化学品统一分类和标签制度）概述

因封面为紫色，GHS 又称"紫皮书"

3个国际组织承担了GHS制度的制订工作，如图3-1所示。

ILO——国际劳工组织
OECD——经济合作与发展组织
UN——联合国

图3-1　GHS的制订组织

2. GHS制度的主要内容

（1）对化学品危害性的统一分类。

（2）对化学品危害信息的统一公示。

GHS涵盖所有危险的化学品，包括物质、产品、混合物、制剂、配方和溶液等。

3. GHS制度化学品的危害分类

（1）物理危害（如易燃液体、氧化性固体等）。

（2）健康危害（如急性毒性，皮肤腐蚀、刺激）。

（3）环境危害（如水生毒性）

任务二 认识《化学品分类和危险性公示通则》

GHS制度采用两种方式公示化学品的危害信息，包含标签和安全数据单。

1.《化学品分类和危险性公示通则》（GB 13690—2009）概述

我国的危险化学品管理标准全面采用GHS制度的原理和方法，修订了原有的标准GB 13690—92《常用危险化学品的分类及标志》，新标准《化学品分类和危险性公示通则》（GB 13690—2009）于2009年6月21日公布，2010年5月1日起正式实施。

2.《化学品分类和危险性公示通则》关于化学品分类方法

（1）理化危险 常见危险化学品理化危险特征如表3-1所示。

表3-1 常见危险化学品理化危险特征

类型	特征
爆炸物	本身能够通过化学反应产生气体，而产生气体的温度、压力和速度能对周围环境造成破坏
易燃气体	在20℃和101.3kPa标准压力下，与空气有易燃范围的气体
易燃气溶胶	指气溶胶喷雾罐。内装强制压缩、液化或溶解的气体，喷射出来形成在气体中悬浮的固态或液态微粒或形成泡沫、膏剂或粉末或处于液态或气态
氧化性气体	一般通过提供氧气，比空气更能导致或促使其他物质燃烧的任何气体
压力下气体	在压力等于或大于200kPa（表压）下装入储器的气体，包括压缩气体、溶解气体、液化气体、冷冻液化气体
易燃液体	闪点不高于93℃的液体
易燃固体	容易燃烧或通过摩擦可能引燃或助燃的固体，为粉状、颗粒状或糊状物质
自反应物质或混合物	即使没有氧（空气）也容易发生激烈放热分解的热不稳定液态或固态物质或者混合物
自燃液体	即使数量小也能在与空气接触后5min之内引燃的液体
自燃固体	即使数量小也能在与空气接触后5min之内引燃的固体
自热物质和混合物	与空气反应不需要能源供应就能够自己发热的固体、液体物质或混合物
遇水放出易燃气体的物质或混合物	通过与水作用，容易具有自燃性或放出危险数量的易燃气体的固态或液态物质或混合物
氧化性液体	本身未必燃烧，但通常因放出氧气可能引起或促使其他物质燃烧的液体
氧化性固体	本身未必燃烧，但通常因放出氧气可能引起或促使其他物质燃烧的固体
有机过氧化物	热不稳定物质或混合物，容易放热自加速分解，可能易于爆炸分解；迅速燃烧；对撞击或摩擦敏感；与其他物质发生危险反应
金属腐蚀剂	通过化学作用显著损坏或毁坏金属的物质或混合物

（2）健康危险　危险化学品常见健康危险性如表3-2所示。

表3-2　危险化学品常见健康危险性质

类型	特征
急性毒性	单剂量或24h内多剂量口服或皮肤接触或吸入接触4h之后出现有害效应的物质
皮肤腐蚀/刺激	施用4h后对皮肤造成可逆或不可逆损伤的物质
严重眼损伤/眼刺激	施加于眼前部表面21天内对眼部造成的完全或不完全可逆组织损伤的物质
呼吸或皮肤敏化作用	呼吸过敏物是吸入后会导致气管超敏反应的物质。皮肤过敏物是皮肤接触后会导致过敏反应的物质
生殖细胞致突变性	可能导致人类生殖细胞发生可传播给后代的突变的化学品
生殖毒性	对成年雄性和雌性性功能和生育能力以及在后代中的发育有害的物质
致癌性	可导致癌症或增加癌症发生率的化学物质或化学物质混合物
特定目标器官/系统毒性单次接触	由于单次接触而产生特异性、非致命性目标器官/毒性的物质
特定目标器官/系统毒性重复接触	由于反复接触而产生特定目标器官/毒性的物质
吸入危险	可能对人类造成吸入毒性危险的物质或混合物

（3）环境危害　危险化学品对环境的影响主要是指对水生环境和臭氧层的危害，主要特征如表3-3所示。

表3-3　危险化学品环境危害特征

类型	特征
危害水生环境-急性	可能对水生环境造成急性危害的物质或混合物
危害水生环境-慢性	可能对水生环境造成慢性危害的物质或混合物
危害臭氧层	对臭氧层有破坏作用

　　　　知道化学品的毒性指标数据怎么得出来的吗？可没有任何人敢亲身尝试哦！通常以动物采用经口、吸入或经皮染毒试验途径，也就是"毒性试验"。主要测定LD50（半数致死量），通过观察中毒表现，经皮肤吸收能力以及对皮肤、黏膜和眼有无刺激作用等，以提供受试化学品的毒性资料。试验动物急性毒性试验一般采用小鼠，亚急性毒性实验一般采用兔子或大鼠，长期毒性实验一般采用狗。LD_{50}是指能够引起试验动物一半死亡的毒性物质的剂量。

任务三　认识《危险货物分类和品名编号》

1.《危险货物分类和品名编号》GB 6944—2012概述

《危险货物分类和品名编号》GB 6944—2012规定了危险货物分类、危险货物危险性的先后顺序和危险货物编号。本标准适用于危险货物运输、储存、经销及相关活动。

2. GB 6944—2012危险货物分类及包装标志

GB 6944—2012将危险化学品分为9类。

（1）第1类　爆炸品

1.1项：有整体爆炸危险的物质和物品（例如，三硝基甲苯）。

1.2项：有进射危险，但无整体爆炸的物质和物品（例如，手榴弹）。

1.3项：有燃烧危险并有局部爆炸危险或局部进射危险或这两种危险都有，但无整体爆炸危险的物质和物品（例如，块状火药）。

1.4项：不呈现重大危险的物质和物品（例如，烟花爆竹）。

1.5项：有整体爆炸危险的非常不敏感物质（例如，铵油炸药）。

1.6项：无整体爆炸危险的极端不敏感物品。

（2）第2类　气体

2.1项：易燃气体（例如，液化石油气）。

2.2项：非易燃无毒气体（例如，压缩空气）。

2.3项：毒性气体（例如，二氧化硫）。

（3）第3类　易燃液体

3.1项：低闪点易燃液体（例如，汽油）。

3.2项：中闪点易燃液体（例如，柴油）。

3.3项：高闪点易燃液体（例如，煤油）。

（4）第4类　易燃固体、易于自燃的物质、遇水放出易燃气体的物质

4.1项：易燃固体（例如，硫黄）。

4.2项：易于自燃的物质（例如，黄磷）。

4.3项：遇水放出易燃气体的物质（例如，钠）。

（5）第5类　氧化性物质和有机过氧化物

5.1项：氧化性物质（例如，过氧化氢）。

5.2项：有机过氧化物（例如，过乙酸）。

（6）第6类　毒性物质和感染性物质

6.1项：毒性物质（例如，三氧化二砷）。

6.2项：感染性物质（例如，医院诊断废弃物）。

（7）第7类　放射性物质（例如，铀）

（8）第8类　腐蚀性物质（例如，硫酸）

（9）第9类　杂项危险物质和物品（例如，石棉）

3. 危险货物编号

危险货物编号简称危规号、CN号。例如，甲醇的危险货物编号为32058，表明甲醇属于"第3类第2项"危险化学品，即"中闪点易燃液体"。

危险货物编号：×××××
简称危规号　　类　项　编号

UN号，联合号编号，也称危险品运输编号，是一组4位阿拉伯数字。例如，甲醇的UN号为1230。

项目二　获取危险化学品信息

危险化学品种类繁多，操作者无法记住每种化学品的危险特性和安全防护措施。这时，往往需要借助化学品安全标签、化学品安全技术说明书等技术资料来获取危险化学品的安全信息。

任务一　识读化学品安全标签

1. 化学品安全标签概述

化学品安全标签是指危险化学品在市场上流通时应由供应者提供的附在化学品包装上

的，用于提示接触危险化学品的人员的一种标识。它用简单、明了、易于理解的文字、图形表述有关化学品的危险特性及其安全处置的注意事项。

2. 化学品标签内容

（1）危险象形图　用图形表示危险性，9种象形图的含义如表3-4所示。

① 边框——红色要足够宽，醒目。

② 符号——黑色。

③ 背景——白色。

表3-4　象形图及其含义

序号	危险特性	象形图	序号	危险特性	象形图	序号	危险特性	象形图
1	爆炸危险		4	加压气体		7	警告	
2	燃烧危险		5	腐蚀危险		8	健康危险	
3	加强燃烧危险		6	毒性危险		9	危害水环境	

（2）信号词　信号词是表明危险的相对严重程度的词语，包括"危险"和"警告"。

（3）危险说明　危险说明指一个危险种类和类别的短语，用来描述一种危险产品的危险性质，在情况合适时还包括其危险程度。例如："高度易燃液体和蒸气"、"遇热可能会爆炸"、"对水生生物毒性极大，并具有长期持续影响"。

（4）防范说明　防范说明指建议采取的措施，以最大限度地减少或防止因接触某种危险物质或因对它存储或搬运不当而产生的不利效应。例如："放在儿童伸手不及之处"、"接触时需戴防毒面具"。

（5）产品和供应商标识

① 产品标识。包括物质的名称、CAS号、危险成分的名称（混合物）。

② 供应商标识。物质或混合物的生产商或应商的名称、地址和电话号码。

3. 安全标签的使用

标签应粘贴、挂拴（喷印）在化学品包装或容器明显位置，化学品安全标签的样例如图3-2所示。多层包装运输，原则要求内外包装都应加贴（挂）安全标签。图3-3为化学品标签与危险货物运输标志相结合的样例。

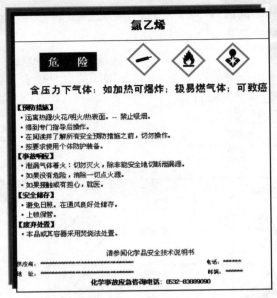

图3-2　化学品安全标签样例

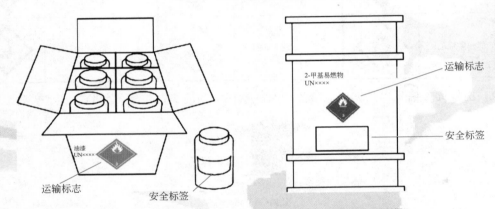

图3-3　化学品安全标签与危险货物运输标志相结合的样例

4. 有关各方安全标签的责任

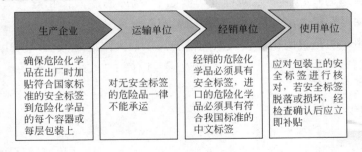

生产企业	运输单位	经销单位	使用单位
确保危险化学品在出厂时加贴符合国家标准的安全标签到危险化学品的每个容器或每层包装上	对无安全标签的危险品一律不能承运	经销的危险化学品必须具有安全标签，进口的危险化学品必须具有符合我国标准的中文标签	应对包装上的安全标签进行核对，若安全标签脱落或损坏，经检查确认后应立即补贴

任务二　识读MSDS

1. MSDS概述

MSDS（material safety data sheet），即化学品安全技术说明书或化学品安全数据说明书。

在欧洲国家，MSDS也被称为CSDS或SDS。MSDS是化学品生产或销售企业按法律要求向客户提供的有关化学品特征的一份综合性法律文件。

最早的"MSDS"

有关MSDS的最早记录是在古埃及人的墓中发现的，它们有的写在墓壁上，有的写在一种草纸上，距今已有4000多年了。这些记录都是关于一些治疗疾病的药物的描述，包括药物的名称、来源、加工、储存和使用的程序等，另外还有一些关于不正确使用的警告。

2. MSDS 的作用

化学品安全说明书作为传递产品安全信息的最基础的技术文件，其主要作用体现在4个方面，见图3-4所示。

1　提供有关化学品的危害信息，保护化学品使用者

2　为制订危险化学品安全操作规程提供技术信息

3　提供有助于紧急救助和事故应急处理的技术信息

4　指导化学品的安全生产、安全流通和安全使用

图3-4　MSDS的作用

3. MSDS 的内容

MSDS共包含16个项目，每个项目的具体内容如表3-5所示。

表3-5　MSDS的项目及内容

项目	内容
化学品及企业标识	标明化学品名称、生产企业名称、地址、邮编、电话、应急电话、传真等信息
成分/组成信息	纯化学品：标明其化学品名称或商品名和通用名。混合物：标明危害性组分的浓度或浓度范围
危险性概述	概述本化学品最重要的危害和效应，主要包括：危害类别、健康危害、环境危害、燃爆危险等信息
急救措施	指作业人员意外受到伤害时，所需采取的现场自救或互救的简要方法
消防措施	标明化学品的物理或化学特殊危险性、适合的灭火介质、不适合的灭火介质以及消防人员个体防护等信息
泄漏应急处理	化学品泄漏后现场可采用的简单有效的应急措施，包括：应急行动、应急人员防护、环保措施、消除方法等
操作处置与储存	指化学品操作处置和安全储存方面的信息，包括：操作处置中的安全注意事项、安全储存条件等
接触控制/个体防护	在生产、操作处置、搬运和使用化学品的作业过程中，为保护作业人员而采取的防护方法和手段
理化特性	化学品的外观及理化性质等信息，包括：外观与形状、pH、相对密度、燃烧热、临界温度、闪点、爆炸极限等
稳定性和反应活性	叙述化学品的稳定性和反应活性方面的信息，包括：稳定性、禁配物、应避免接触的条件、聚合危害、燃烧（分解）产物等
毒理学资料	提供化学品的毒理学信息，包括：急性毒性、刺激性、致敏性、慢性毒性、致突变、致畸、致癌性等

续表

项目	内 容
生态学资料	陈述化学品的环境生态效应和行为，包括：生物效应、生物降解性、生物富集、环境迁移等
废弃处置	指对被化学品污染的包装和无使用价值的化学品的安全处理方法，包括废弃处置方法和注意事项
运输信息	指国内、国际化学品包装、运输的要求及运输规定的分类和编号等
法规信息	化学品管理方面的法律条款和标准
其他信息	提供其他对安全有重要意义的信息，包括：参考文献、填表部门、数据审核单位等

❋ 想一想

根据MSDS的内容，MSDS会给哪些人提供需要的信息？

① 从事有害作业、接触危险化学品、可能会暴露在职业危害中的人员。

② 需要从MSDS了解物品的适当储存方法等信息的雇主或老板。

③ 应急响应人员，如：消防员、应急医疗人员等。

4. 获取MSDS的途径

① 你的实验室或者车间里应该有工作涉及的有害化学品的MSDS。

② 许多大学和商业机构都在网站上收集大量MSDS。一些公司也会通过商务服务取得MSDS的印刷品或者复印件。

③ 您可以向您所购买的化学品供应商那里索取MSDS。或者，可以向这些化学品的制造商的客户服务部门索取。

④ 互联网上有许多免费资源可以查找。

MSDS-online：http：//www.msds-online.cn/

危险化学品分类查询：http：//www.anquan.com.cn/huaxue/chn.htm

项目三　了解危险化学品的管理

国务院于2002年1月9日发布，2002年3月15日施行2011年2月16日修订的《危险化学品安全管理条例》中明确指出，生产、经营、储存、运输、使用危险化学品的单位，其主要负责人必须保证本单位危险化学品的安全管理符合有关法律法规的规定和国家标准的要求。

任务一　了解危险化学品的装卸和运输规定

1. 装卸前

（1）从事危险货物装卸的人员对所装危险货物要掌握其化学、物理性质及应急措施。

（2）装卸作业时，必须正确使用劳动防护用品。

（3）进入装卸作业区，不准随身携带火种，装卸易燃易爆危险货物时，不准穿带有铁钉的工作鞋和穿着易产生静电的工作服。

（4）随身携带的遮盖、捆扎、防潮等工具必须齐全、有效。

（5）车厢必须平整牢固，车厢内不得有与所装货物性质相抵触的残留物。

2. 装卸中

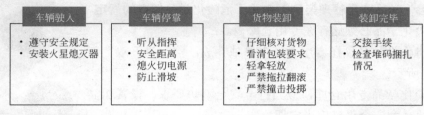

车辆驶入	车辆停靠	货物装卸	装卸完毕
• 遵守安全规定 • 安装火星熄灭器	• 听从指挥 • 安全距离 • 熄火切电源 • 防止滑坡	• 仔细核对货物 • 看清包装要求 • 轻拿轻放 • 严禁拖拉翻滚 • 严禁撞击投掷	• 交接手续 • 检查堆码捆扎 　情况

3. 危险化学品的运输

（1）资质和设施

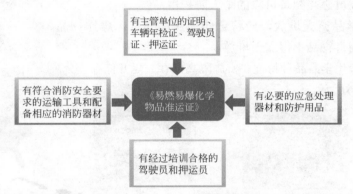

（2）人员要求　危险化学品运输从业人员：运输危险化学品的驾驶员、装卸人员和押运员。

① 掌握有关危险化学品运输的安全知识。

② 了解运输危险化学品的性质、危害特性、包装容器的使用特性。

③ 知道发生意外时的应急措施。

④ 经当地交通部门考核合格，取得上岗资格证。

（3）运输工具　运输危险化学品的车辆应专车专用，并有明显标志，要符合交通管理部门对车辆和设施的规定。

（4）行车路线　危险化学品运输车辆必须配备押运员，并随时处于押运人员的监督下，不得超装、超载，不得进入危险化学品运输车辆禁止通行的区域。运输危险化学品途中需停车住宿或遇有无法正常运输的情况时，应向当地公安部门报告。

任务二 了解危险化学品的储存规定

1.《危险化学品安全管理条例》中关于危险化学品储存的规定

（1）危险化学品必须储存在专用仓库内。

（2）剧毒化学品必须在专用仓库内单独存放，实行"五双"制度，见图3-5所示。

（3）危险化学品专用仓库，应当符合安全消防要求，设置明显标志。储存设备和安全设施应当定期检测。

（4）储存危险化学品的仓库必须配备有专业知识的技术人员，专人管理，管理人员必须配备可靠的个人防护用品。

（5）危险化学品露天堆放，应符合防火防爆要求，爆炸物品、遇湿燃烧物品、剧毒物品不得露天堆放。

（6）根据危险化学品品种特性，实施隔离储存、隔开储存、分离储存，样例见图3-6所示。

图3-5 "五双"制度

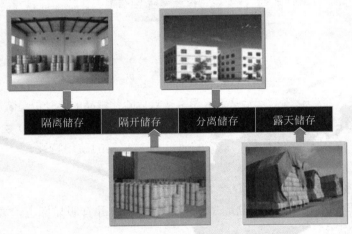

| 隔离储存 | 隔开储存 | 分离储存 | 露天储存 |

图3-6 储存方式样例

（7）各类危险品不得与禁忌物料混合储存，灭火方法不同的危险化学品不能同库储存（禁忌物料配置见GB 18265—2000）。

（8）储存危险化学品的建筑物、区域内严禁吸烟和使用明火。

（9）爆炸物品不准和其他类物品同储，必须单独隔离，限量储存。

（10）压缩气体和液化气体必须与爆炸物品、氧化剂、易燃物品、自燃物品、腐蚀性物品隔离储存。易燃气体不得与助燃气体、剧毒气体同储；氧气不得和油脂混合储存。

（11）腐蚀性物品，包装必须严密，不允许泄漏，严禁与液化气体和其他物品共存。

2. 危险化学品出入库管理

（1）储存危险化学品的仓库，必须建立严格的出入库管理制度。

（2）危险化学品出入库，必须进行检查验收登记，检查验收登记的内容如图3-7所示。

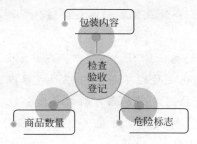

图3-7 危化品入库登记

（3）剧毒品的生产、储存、使用单位，应当对剧毒化学品的产量、流向、储存量和用途如实记录，发现剧毒化学品被盗、丢失或者误售、误用时，应立即向当地公安部门报告。

（4）危险化学品出入库前均应按合同进行检查验收、登记。

> 一天，一间理化实验室里有一位女实验人员，在做实验中趁别人不注意，偷偷把5mL左右的10%氰化钾（剧毒）试剂溶液放到一个带塞的试管中藏好，晚上下班，别人走完后，她偷偷地把装有氰化钾（剧毒）溶液的试管拿回家，与正跟她冷战的丈夫大声争吵，然后跑到室外的空地，拿起剧毒品氰化钾溶液，并高声大叫要喝下去来威协她丈夫，她丈夫以为她开玩笑，未予理睬，情急之下她真的喝下去了。她丈夫看到这种情形，立即跑过去抢她手里的试管，但已经迟了。当时很多人都看见了事情的发生，随后大家和她丈夫一起进行现场催吐、洗胃抢救，并送医院继续抢救，但还是无力回天，年轻的生命就这样离开了人世。
>
> 这个小故事说明：对实验室危险（剧毒）化学品的严格管理是多么的重要。

实战演练 化学品安全标签制作

【任务介绍】

完成氢氟酸化学品安全标签的制作。

【任务分析】

根据背景资料找出化学品安全标签需填写的信息。

背景资料：氢氟酸MSDS（摘选）

一、标识

危化品名称：氢氟酸

分子式：HF

CAS号：7664-39-3

二、主要组成与性状

主要成分与含量：高浓度55%；低浓度40%。

外观与性状：无色透明有刺激性臭味的液体。商品为40%的水溶液。

主要用途：用作分析试剂、高纯氟化物的制备、玻璃蚀刻及电镀表面处理等。

三、健康危害

健康危害：对皮肤有强烈的腐蚀作用。灼伤初期皮肤潮红、干燥。创面苍白，坏死，继而呈紫黑色或灰黑色。深部灼伤或处理不当时，可形成难以愈合的深溃疡，损及骨膜和骨质。本品灼伤疼痛剧烈。眼接触高浓度本品可引起角膜穿孔。接触其蒸气，可发生支气管炎、肺炎等。慢性影响：眼和上呼吸道刺激症状，或有鼻衄，嗅觉减退。可有牙齿酸蚀症。骨骼X射线异常与工业性氟病少见。

四、急救措施

皮肤接触：立即脱去污染的衣着，用大量流动清水冲洗至少15min。就医。

眼睛接触：立即提起眼睑，用大量流动清水或生理盐水彻底冲洗至少15min。就医。

吸入：迅速脱离现场至空气新鲜处。保持呼吸道通畅。如呼吸困难，给输氧。如呼吸停止，立即进行人工呼吸。就医。

食入：用水漱口，给饮牛奶或蛋清。就医。

五、燃爆特性与消防

危险特性：本品不燃，但能与大多数金属反应，生成氢气而引起爆炸。遇H发泡剂立即燃烧。腐蚀性极强。

灭火方法：雾状水、泡沫灭火剂。

六、泄漏应急处理

泄漏应急处理：迅速撤离泄漏污染区人员至安全区，并进行隔离，严格限制出入。建议应急处理人员戴自给正压式呼吸器，穿防酸碱工作服。不要直接接触泄漏物。尽可能切断泄漏源。小量泄漏：用砂土、干燥石灰或苏打灰混合。也可以用大量水冲洗，洗水稀释后放入废水系统。大量泄漏：构筑围堤或挖坑收容。用泵转移至槽车或专用收集器内，回收或运至废物处理场所处置。

七、储运注意事项

储运注意事项：储存于阴凉、通风的库房。远离火种、热源。库温不超过30℃，相对湿度不超过85%。保持容器密封。应与碱类、活性金属粉末、玻璃制品分开存放，切忌混储。储区应备有泄漏应急处理设备和合适的收容材料。

八、防护措施

工程控制：密闭操作，注意通风。尽可能机械化、自动化。提供安全淋浴和洗眼设备。

呼吸系统防护：可能接触其烟雾时，佩戴自吸过滤式防毒面具（全面罩）或空气呼吸器。紧急事态抢救或撤离时，建议佩戴氧气呼吸器。

身体防护：穿橡胶耐酸碱服。

手防护：戴橡胶耐酸碱手套。

九、毒理学资料

急性毒性：LD_{50}，无资料；LC_{50}，1044mg/m³（大鼠吸入）。

十、废弃

废液用过量石灰水中和，析出的沉淀填埋处理或回收利用，上清液稀释后排入废水系统。

十一、运输信息

危规号：81016

联合国编号：1790

包装分类：O52

包装方法：装入铅桶或特殊塑料容器内，再装入木箱中。木箱内用不燃材料衬垫，每箱净重不超过20kg，3～5kg包装每箱限装4瓶。

【任务实施】

根据背景资料找出化学品安全标签需填写的信息。

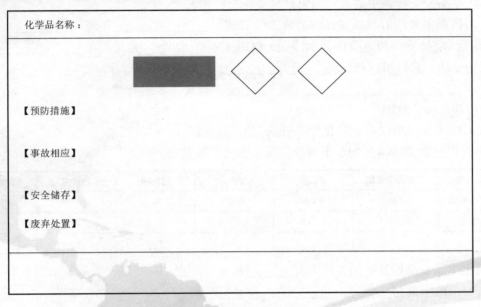

单元小结

1. 危险化学品的分类：GHS全球化学品统一分类与标签制度；化学品分类和危险性公示通则；危险货物分类和品名编号。

2. 获取危险化学品信息：MSDS的意义和内容；化学品安全标签的意义和内容。

3. 危险化学品管理规定：化学品的装卸与运输管理规定；化学品的储存管理规定。

自我测试

1. GHS是（　　）级别的化学品制度。

A. 国际　　　　　　B. 国家　　　　　　C. 省　　　　　　D. 市

2. GHS制度将危险化学品的危害性分为（　　）。（多选）

A. 物理危害　　　B. 化学危害　　　C. 生物危害

D. 健康危害　　　E. 环境危害

3. （　　）不属于GB 6944—2012中的第4类。

A. 易燃气体　　　B. 易燃固体　　　C. 自燃物品　　　D. 遇湿易燃物品

4. 根据GB 6944—2012，二氧化硫属于第2类气体中的（　　　）。

A. 易燃气体　　　　　B. 惰性气体　　　　　C. 非易燃无毒气体　　　D. 毒性气体

5. （　　　）属于易于自燃的物质。

A. 红磷　　　　　　　B. 黄磷　　　　　　　C. 黑磷　　　　　　　D. 赤磷

6. （　　　）属于防范说明。

A. 高度易燃　　　　　B. 压力下气体　　　　C. 用水灭火　　　　　D. 接触时需戴防毒面具

7. MSDS是传递产品（　　　）的最基础的技术文件。

A. 生产工艺　　　　　B. 价格信息　　　　　C. 安全信息　　　　　D. 应急措施

8. 化学品安全标签中的信号词包括危险、警告和安全。（　　　）

9. GHS的主要内容包括对化学品危害性的统一_____和统一_____。

10.《化学品分类和危险性公示通则》（GB 13690—2009）是采用了_____的原理和方法，修订了原有的_____形成的标准。

11._____规定了危险货物分类、危险货物危险性的先后顺序和危险货物编号。

12. GB 6944—2012将危险化学品分为_____类。

13. 根据危险货物编号判断下列物质属于哪类危险货物。

化学品名称	三硝基苯乙醚	氯乙烷	碳化钙	过甲酸	敌百虫	五氯化磷
危险货物编号	11062	21036	43025	52050	61870	81042
危险货物类别						
危险性概述						

14. 化学品安全标签中的象形图有_____种。

15. MSDS指的是_____。

16. 五双制度指的是：_____、_____、_____、_____、_____。

17. 危险化学品仓库的储存方式包括_____、_____、_____、_____。

18. 简述危险化学品运输的资质要求。

单元四　特种设备安全

在生产和生活中广泛使用的特种设备，有的在高温高压下工作，有的盛装易燃易爆、有毒介质，直接关系到人民群众的生命和财产安全。我们期待全社会共同关注特种设备安全，增强安全意识，落实安全防范措施，加强特种设备的安全监管，给人们一个安全的天空。

项目一　了解压力管道安全技术

从我国颁发《压力管道安全管理与监察规定》以后,"压力管道"便成为受监察管道的专用名词。在《压力管道安全管理与监察规定》第二条中,将压力管道界定为:"在生产、生活中使用的可能引起燃爆或中毒等危险性较大的特种设备"。

任务一　认识压力管道

1.压力管道定义

通常压力管道是指最高工作压力大于0.1MPa,输送介质为气(汽)体、液化气体、可燃易爆有腐蚀或最高工作温度高于或等于标准沸点的液体的管道。

输送压力虽然小于0.1MPa,但是输送毒性程度为极度危害和火灾危险度较大介质的管道也叫压力管道。

压力管道的设计、制造和安装、修理单位,都必须具有相应的资格证书,并严格遵守《压力管道安全管理与监察规定》的相关规定。

2.压力管道的构成

压力管道一般由管道组成件、管道支撑件和安全保护装置组成,如图4-1所示。

管道组成件
・管子、法兰、阀门、分配等

管道支撑件
・吊杆、支撑杆、鞍座、固定夹板等

安全保护装置
・安全阀、爆破片、阻火器、紧急切断装置等

图4-1　各类管件

3.压力管道的分类

(1)按压力　可分为真空管道、中低压管道、高压管道、超高压管道。

(2)按材料　可分为合金钢管道、不锈钢管道、碳钢管道、有色金属管道、非金属管道和复合材料管道。

(3)根据《压力管道安全管理和监察规定》分为工业管道(GC)、公用管道(GB)和长输管道(GA),如图4-2所示。

图4-2　长输管道

❋ 想一想

化工设备对压力管道的材质有什么特别要求?

66

任务二　了解压力管道的安全技术

1. 压力管道的非正常现象

压力管道内流体的流动复杂，缓冲余地小，工作条件受外界因素影响较大，所以压力管道是不安全因素较多的特种设备。

2. 压力管道的安全技术

（1）压力管道安全技术要点　安全操作一般要求作业人员本身具备一定专业知识，确保运行过程中相关附件和参数在正常范围内，另外在检修过程中要求严格按照操作规程进行，压力管道安全技术要点见图4-3所示。

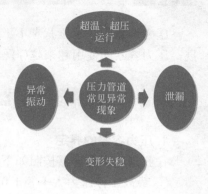

操作者	具备专业知识，做好检查记录，能够对异常现象进行专业判断并采取措施
安全附件和参数	安全附件灵敏、可靠，注意温度、压力、流量的变化以及肉眼可见形变，需采取相应措施
检修	检修是按照安全规程进行的。例如检修管道时应先关闭水、气等阀门，泄压降温后再进行作业等

图4-3　压力管道安全技术要点

（2）压力管道的日常检查和保养

① 检查管道的防护措施，保证完好无损，减少腐蚀。

② 阀门经常上油，定期进行操作，安全阀和压力表定期检验。

③ 注意管道的振动情况，静电接地装置应保持完整。

④ 停用的压力管道要排空介质，并进行置换保护，管外涂漆防护，保温管应保证保温材质完好。

⑤ 注意检查管道和支架接触部位发生腐蚀和磨损的情况，及时采取措施。

⑥ 及时消除跑、冒、滴、漏。

压力管道的定期检验

（1）在线检验　在线检验是在设备不停车的情况下对其进行检验，一般一年一次。

（2）全面检验　全面检验是在工厂停车的情况下进行全面的检查和安全状况评定。

① 安全评定为1级和2级的，一般检验周期为6年。

② 安全评定为3级的，检验周期为1～3年。

③ 安全评定为4级的，应修复或更换该管道。

项目二　了解压力容器安全技术

压力容器是在承压状态下工作，对安全性有着较高要求的密闭容器，随着经济的快速发展，压力容器的使用越来越广泛，它是工业生产过程中不可或缺的设备。

任务一　认识压力容器

1. 压力容器的界定

在我国，压力容器按照如下的要求界定。

① 最高工作压力大于等于0.1MPa（不包含静压力）。

② 容器内径（非圆形截面容器取最大尺寸）大于等于0.15m，且容积大于等于0.025m³。

③ 介质为气体、液化气体和最高工作温度高于常压沸点的气体。

✳ **想一想**

家用高压锅是否是压力容器？

2. 压力容器的分类

压力容器可按照设计温度、设计压力、工作用途、受压情况等分类，具体见表4-1所示。

表4-1　压力容器分类

分类方式	类别			
按照设计温度/℃	低温容器 $t \leqslant -20$	常温容器 $-20 \leqslant t < 450$	高温容器 $t \geqslant 450$	
按工作压力/MPa	低压容器（代号L）$0.1 \leqslant p < 1.6$	中压容器（代号M）$1.6 \leqslant p < 10$	高压容器（代号H）$10 \leqslant p < 100$	超高压容器（代号U）$p \geqslant 100$
按工作用途	反应容器（代号R）	换热容器（代号E）	分离容器（代号S）	储存容器（代号C）
按受压情况	内压容器		外压容器	
按使用方式	固定式容器（球罐等）		移动式容器（气瓶、槽车等）	

3. 压力容器的基本结构

压力容器一般由筒体（又称壳体）、封头（又称端盖）、法兰、密封元件、开孔与接管

（人孔、手孔、视镜孔、物料进出口接管、液位计、流量计、测温管、安全阀等）和支座以及其他各种内件所组成。

　　压力容器的受压元件主要有壳体、封头、膨胀节、设备法兰、换热器的管板、换热管、M36（含M36）以上的设备主螺栓以及公称直径大于或者等于250mm的接管和管法兰。

　　压力容器的安全附件包括安全阀（见图4-4）、爆破片（见图4-5）、压力表、液位计、温度计、紧急切断装置和安全连锁装置。安全阀按其整体结构及加载机构形式来分，常用的有杠杆式和弹簧式两种。安全阀要定期检验，每年至少检验一次。定期检验工作包括清洗、整定压力校验、密封性能试验以及校验记录和报告。

图4-4 安全阀

图4-5 爆破片

压力容器的压力来源

　　（1）来自容器外部　包括：各类气体或者液化气体通过压缩机泵供给的压力；蒸气锅炉供给的压力。

　　（2）来自容器内部　包括：工作介质由于温度升高，导致体积膨胀受限，产生压力或者压力增加；液体介质受热汽化，压力即为该温度下的饱和蒸气压；或者由于化学反应产生的压力和压力增加。

任务二　了解压力容器的安全运行与维护

1.压力容器的常见事故

泄漏	爆炸	工艺指标超限
压力容器本体泄漏 安全阀泄漏 其他附件及连接件泄漏	物理性爆炸 化学性爆炸	超温 超压 超负荷

2.压力容器的安全运行

　　（1）平稳操作　对容器升、降压力和温度的操作都应缓慢操作，保持压力和温度的相对稳定是防止容器疲劳破坏的重要环节之一。

　　（2）禁止超压、超温、超负荷运行。

　　① 超压是导致容器破损和爆炸的重要原因，有时超压并不会立即引起爆炸，但会使材质的裂纹加快扩展速度，缩短容器寿命。

② 超温会使材料的强度下降，导致容器失效或者爆炸。

③ 超负荷会对容器产生不同的危害，过量充装加快容器和管道的磨损，也可能因温度上升后导致压力急剧上升而发生爆炸。

（3）巡回检查，及时消除缺陷　容器破坏大多具有先期征兆，及时检查并采取措施，能够消除隐患。

3. 压力容器的维护保养

① 消除跑、冒、滴、漏。

② 防止腐蚀。

③ 停运期间做好保养工作。

化工防腐的方法

根据化工设备所处的腐蚀环境、工艺介质以及设计选材的经济成本，通常化工防腐有如下几种办法。

（1）环境处理的方法　通常采用除去环境中的腐蚀性介质，如脱除溶解在水中的氧气以及除去介质中的有害介质。另外还可采用添加某些添加剂的办法。

（2）表面涂层的方法　通常采用涂漆和添加衬里或者金属覆盖层的方式。

（3）采用电防腐蚀的办法　通过电化学的原理进行防腐。

（4）化工设备在设计中应选择合理的结构　尽量避免设备自身结构造成的局部应力、液体滞留、局部过热等引起的腐蚀。

压力容器不仅受到压力影响，而且还有介质腐蚀和温度波动等因素的影响，因此在使用过程中会产生细小裂纹等缺陷，定期检验及早发现并消除缺陷是压力容器使用的重要环节。

压力容器的定期检验包括外部检查、内外部检验和耐压试验。

外部检查	压力容器运行中定期的在线检查； 每年至少一次 检查内容包括：铭牌、漆色、标志等是否符合规定；焊接接口、本体是否有裂纹、泄漏；外表有无腐蚀等
内外部检验	也称之为全面检验，一般指在压力容器停机时检验； 检查周期根据容器安全等级不同，分2年一次和3年一次； 检查具体内容包括宏观检验、保温层、壁厚、表面缺陷材质、紧固件、安全附件、气密性等
耐压试验	全面检验合格后才允许进行耐压试验； 耐压试验进行时至少选择两个量程相同并检查合格的压力表，耐压试验的压力根据有关规定选用； 通常选用液体作为耐压试验的介质，也会选择气体

任务三　了解气瓶安全技术

1. 气瓶的概念和分类

气瓶是一种应用广泛的移动式压力容器。主要参数如下。

① 正常环境温度为 −40 ～ 60℃。

② 公称工作压力为 1.0 ～ 30MPa。

③ 公称容积为 0.4 ～ 3000L。

通常可以按照存储介质、制造方法、压力大小等进行分类。

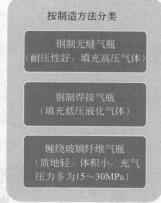
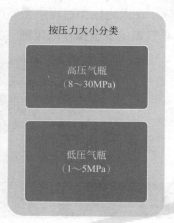

※ **想一想**

什么是永久气体？哪些气体属于永久气体？

永久气体是指临界温度小于−10℃的气体。如：空气、氧、氮、氢、甲烷、一氧化碳等气体。

2. 气瓶的标志

（1）气瓶的颜色标志　指气瓶外表的瓶色、字样、字色、色环，作用是识别气瓶种类，防止气瓶生锈，部分气瓶的颜色标志如表4-2所示。

表4-2　部分气瓶的瓶体涂色与介质

序号	介质名称	化学式	瓶色	字样	字色	色环
1	氧	O_2	淡蓝色	氧	黑色	p=20MPa 白色色环一道
2	氮	N_2	黑色	氮	淡黄色	p=30MPa 白色色环两道
3	乙炔	C_2H_2	白色	乙炔不可近火	红色	—
4	氢气	H_2	淡绿色	氢	大红色	p=20MPa 淡黄色色环一道 p=30MPa 淡黄色色环两道
5	氯	Cl_2	深绿色	液氯	白色	—

（2）气瓶的钢印标志 是识别气瓶的重要依据，钢印标志必须准确、清晰、完整，以永久标记的形式打印在瓶肩或者钢瓶不可拆卸的附件上。

3. 气瓶的危险性和安全附件

气瓶在使用、存储和运输过程中一般具有如下隐患。

① 介质种类多，易造成混装。

② 过量充装。

③ 钢瓶存放环境不佳。

④ 运输时造成碰撞、倾翻事件。

⑤ 介质泄漏引发爆炸、中毒等事故。

除了在人为操作过程中需要严格按规程操作外，气瓶一般自带部分安全附件。

4. 气瓶的安全操作的原则

安全使用	安全运输	安全储存
正确操作，禁止撞击 远离明火，防止受热 专瓶专用，留有余压 维护保养，定期检验	文明装卸，妥善固定 分类装过，禁止烟火 防晒防雨，悬挂标志	隔离储存，防止倾倒 分开堆放，防止腐蚀 定期检查，限期存放

项目三　了解锅炉安全技术

锅炉是承载压力的密闭设备，发生事故的后果严重，往往产生爆炸，造成人身伤亡与设备损坏。因此，《特种设备安全监察条例》规定，把锅炉列入特种设备监察范围。

任务一　认识锅炉的结构与用途

1. 锅炉的用途

锅炉是一种能量转化设备，利用燃料的化学能或者电能转变为热能，将所承装的水或者油等加热，获得规定参数和品质的蒸汽、热水（油）的设备。锅炉的结构如图4-6所示。

锅炉属于一种特殊的压力容器，同样承载压力和有爆炸的危险。不同之处是锅炉直接用明火加热，所以对于锅炉的相关规定更为严格。

2. 锅炉的基本组成

锅炉是由"锅"和"炉"以及相配套的安全附件、自控装置、附件设备组成。

（1）锅 指接收热量，将热量传递给被加热介质的受热面系统，是存储和输送导热介质的密封受压部分，主要包括锅筒、锅壳再热器、对流管束等部件。

（2）炉 指燃料燃烧产生高温烟气，将化学能转化为热能的空间和烟气流通的通道，包括燃烧设备和炉墙。

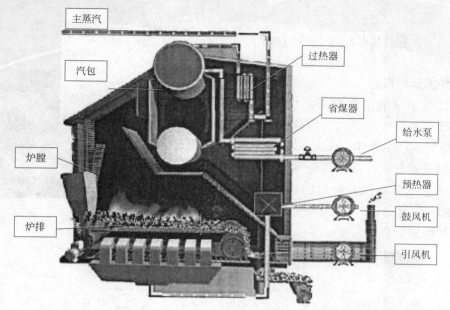

图4-6 锅炉的结构

（3）安全附件 包括安全阀、压力表、液位计、液位报警装置、排污阀等。

3. 锅炉的工作特点

锅炉为整个社会提供能源动力，应用范围广；锅炉承受较高压力的同时，还承受高温，工作状况较一般机械设备恶劣得多；本身承受压力，具有一般压力容器存在的爆炸危险。

※ **想一想**

锅炉常用的燃料有哪些？

固体燃料——烟煤、无烟煤、褐煤、泥煤、油页岩、木屑、甘蔗渣、稻糠等。

液体燃料——重油、清油、渣油、柴油等。

气体燃料——天然气、人工燃气、液化石油气等。

什么是废热锅炉？

废热锅炉也叫余热锅炉，就是利用各种装置产生的高温废气来加热水，产生蒸汽或产生热水（即蒸汽余热锅炉、热水余热锅炉），再利用所产生的蒸汽或热水，达到余热再利用的目的。

余热锅炉属于节能环保技术，它降低了废物的排放量，大大减轻了环境污染，同时对热量进行了一定的回收。

利用工业生产中原来要排出去的高温余热来加热的锅炉，接下来可以用来发电，也可用来供暖。

任务二　了解锅炉的安全运行

1. 锅炉的运行风险

运行过程中可能出现非正常状况，如超压、缺水、爆管，处理不当会引发更大的事故；承压元件和安全保护装置失效可能产生爆炸、火灾、腐蚀、热烫伤等事故；锅炉燃料如天然气、油品、煤粉等本身存在易燃易爆的危险性；锅炉设备间以及周边的建筑物因锅炉的存在，具有一定的危险隐患。

2. 锅炉的安全启动

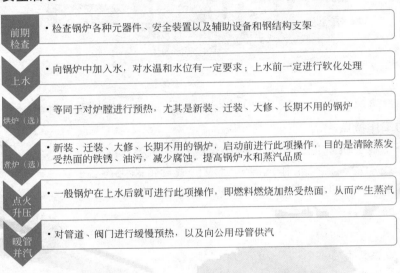

前期检查	• 检查锅炉各种元器件、安全装置以及辅助设备和钢结构支架
上水	• 向锅炉中加入水，对水温和水位有一定要求；上水前一定进行软化处理
烘炉（选）	• 等同于对炉膛进行预热，尤其是新装、迁装、大修、长期不用的锅炉
煮炉（选）	• 新装、迁装、大修、长期不用的锅炉，启动前进行此项操作，目的是清除蒸发受热面的铁锈、油污，减少腐蚀，提高锅炉水和蒸汽品质
点火升压	• 一般锅炉在上水后就可进行此项操作，即燃料燃烧加热受热面，从而产生蒸汽
暖管并汽	• 对管道、阀门进行缓慢预热，以及向公用母管供汽

3. 停炉的操作步骤

停止燃料供应　　　　　减少锅炉上水

停止送风，减小引风　　　收尾工作

4. 锅炉的事故类别

（1）缺水事故　当锅炉水位低于最低许可水位时，称锅炉缺水。如果处理不当，在炉管和锅管烧红的情况下大量上水，水接触烧红的炉管或锅筒时产生大量蒸汽，气压突然猛增，就会造成锅炉爆破事故。因此，锅炉严重缺水时，严禁向锅炉内上水，而应采取紧急停炉措施。

（2）满水事故　即锅炉内的水位超过最高许可水位线，严重时蒸汽管道内发生冲击。在正常运行中，当锅炉内水位升到看不见时，首先要进行水位的检查。确认水位过高，适当减少给水。若水位仍不下降时，可适当打开下部排污门进行放水，使水位降至正常水位时，关闭排污阀。

（3）超压事故　即锅炉运行时的工作压力超过了最高许可工作压力，超压严重时，可造成锅炉爆炸。

（4）汽水共腾　汽水共腾的特点是水位表水面发生剧烈波动，锅水起泡沫，蒸汽中大量带水，严重时管道内发生水冲击，发生汽水共腾的主要原因是锅炉水中含盐量太高。

（5）炉管爆破　炉管爆破时有显著的爆破声、喷汽声，同时水位迅速下降，气压明显降低。炉管爆破是给水处理不良或根本就不进行给水处理，引起炉管结垢或腐蚀造成的。

（6）炉膛爆炸　炉膛内可燃物质与空气混合的浓度达到爆炸范围时，遇到明火就会发生炉膛爆炸或爆燃。炉膛爆炸时，火焰从锅炉的点火孔、加水孔等处向外喷出，极易伤人；炉膛爆炸会造成炉墙倒塌、锅炉损坏并严重威胁人身安全。

（7）二次燃烧　锅炉尾部沉积的可燃物质，重新着火燃烧的现象称二次燃烧。二次燃烧事故能把空气预热器或引风机烧坏，严重时可把锅炉尾部全部烧毁。

5. 锅炉正常运行过程中应注意的问题

① 监督并调节锅炉水位。

② 监督并调节锅炉气压。

③ 保持气温的相对稳定。

④ 调节燃料稳定气压。

⑤ 排污和吹灰。

6. 锅炉的检验

为了及时发现和消除锅炉存在的缺陷，保证安全运行，应按照《锅炉安全监察规程》的规定进行定期检验，一般可分为外部检验、内部检验和水压试验。

当内部检验和外部检验在同一年进行时，应先进行内部检验，再进行外部检验。

实战演练　压力管道的日常维护

【任务介绍】

对户外压力管道的阀门和管件进行维护保养作业。

作业内容：阀门、螺栓除锈并涂黄油。

作业工具：安全帽、工作服、工作鞋、防护手套、防毒面罩、防护眼镜、除锈剂、黄油、刷子。

【任务分析】

分解任务一　作业危险因素分析

根据本任务的情境，分析检修存在的危险因素，提出防护措施，完成下表。

序号	危险因素	危害后果	防护措施

分解任务二　保养维护方案制订

根据装置流程，为了避免危险的发生，应按如下步骤完成维护保养作业：

1.＿＿＿＿＿＿＿＿＿＿＿＿＿＿＿＿＿＿＿＿＿＿＿

2.＿＿＿＿＿＿＿＿＿＿＿＿＿＿＿＿＿＿＿＿＿＿＿

3.＿＿＿＿＿＿＿＿＿＿＿＿＿＿＿＿＿＿＿＿＿＿＿

4.＿＿＿＿＿＿＿＿＿＿＿＿＿＿＿＿＿＿＿＿＿＿＿

5.＿＿＿＿＿＿＿＿＿＿＿＿＿＿＿＿＿＿＿＿＿＿＿

6.＿＿＿＿＿＿＿＿＿＿＿＿＿＿＿＿＿＿＿＿＿＿＿

【任务实施】

根据制订的保养维护方案，分小组至装置现场执行任务。

作业方案分步骤细化落实表

作业程序	细化落实目标	细化方案
（1）划分作业区，指定作业人，指定指挥人	明确责任	
（2）安全交底	明确作业危险	
（3）选用个人防护和作业工具	根据操作选择个人防护	
（4）维护保养作业	阀门管件维护	
（5）收尾工作	清理现场，清点人数、工具	

单元小结

1. 压力管道安全：压力管道的定义；压力管道的构成；压力管道的分类；压力管道安全技术。

2. 压力容器安全：压力容器的定义；压力容器的分类；压力容器的结构；压力容器的常见事故；压力容器的安全运行；气瓶的概念和分类、气瓶的标志、气瓶的安全技术。

3. 锅炉安全：锅炉的用途和特点；锅炉的运行风险和操作规范；锅炉的检验。

自我测试

1. 在线检验是在设备不停车的情况下对其进行的检验，一般一年（　　）次。

A. 1　　　　　　　　B. 2　　　　　　　　C. 3　　　　　　　　D. 4

2. 压力容器内物料泄漏引起的火灾，应切断进料并及时开启（　　），进行紧急排空。

A. 进料阀门　　　　　B. 通风装置　　　　　C. 泄压阀门　　　　　D. 盲板

3. 高压容器的压力范围是（　　）。

A. $0.1MPa \leqslant p < 1.6MPa$　　　　　　B. $1.6MPa \leqslant p < 10.0MPa$

C. $10MPa \leqslant p < 100MPa$　　　　　　D. $p \geqslant 100MPa$

4. （　　）是气瓶的安全附件。

A. 流量计　　　　　　B. 液位计　　　　　　C. 温度计　　　　　　D. 防震圈

5. 锅内满水就是锅内的水位超过了最高许可水位线，发生锅内满水时，应（　　）。

A. 立即打开排污阀放出过量的水，使水位维持正常

B. 立即停炉

C. 立即报告上级领导

D. 继续正常运行

6. 为保证压力容器安全运行而装设在设备上的一种附属装置称为压力容器。（　　）

7. 溶解气体气瓶是专门用于盛装乙炔的气瓶。（　　）

8. 压力表一般每两年校验一次。（　　）

9. 压力容器安全泄压装置有（安全阀、爆破片、防爆帽）、压力表、液位计等。（　　）

10.安全阀通常半年校验检测一次。（　　）

11.氧气瓶涂色通常为绿色。（　　）

12.同一辆车尽量多地装载不同性质的气瓶。（　　）

13.压力管道日常检查和维护的内容有哪些？

14.请简述压力容器安全运行的要点。

15.请写出锅炉的停炉步骤。

单元五 职业卫生和个人防护

　　劳动者在职业活动中因接触粉尘、放射性物质和其他有毒、有害物质等可能会引起疾病。那么职业病可以预防吗？充分认识各种职业有害因素，掌握有效控制措施，加强个人防护，确保职业卫生与安全。

项目一　认识化工常见职业病危害

　　劳动者在职业活动中因接触粉尘、放射性物质和其他有毒、有害物质等因素而引起的疾病称为职业病。目前，我国《职业病分类和目录》中列出的法定职业病有：职业性尘肺病及其他呼吸系统疾病、职业性放射性疾病、职业性化学中毒、职业性肿瘤等10类132种。化工常见职业病危害因素有工业毒物、粉尘、噪声、辐射等。

任务一　认识工业毒物的危害及防护

　　物体进入机体，蓄积达一定的量后，机体组织发生生物化学或生物物理学变化，干扰或破坏机体的正常生理功能，引起暂时性或永久性的病理状态，甚至危及生命，称该物质为毒物。工业生产过程中接触到的毒物，主要指化学物质，称为工业毒物。它们有的是原料或辅助材料，有的是中间体或单体，有的是成品，有的是废弃物。

1. 工业毒物的物理状态

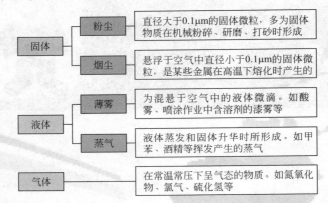

2. 工业毒物的毒性

　　毒物造成机体损害的能力称为毒性。毒性是用来表示毒物剂量与引起毒害作用关系的一个概念。毒物的毒性作用不仅与它的性质有关，而且与其剂量、作用于机体的方式及被作用者的个体差异有关。

　　（1）常用毒性评价指标

　　① 绝对致死量或浓度（LD_{100} 或 LC_{100}）。使实验动物一次染毒后，在14天内全部实验动物死亡所使用的毒物剂量或浓度。

　　② 半数致死量或浓度（LD_{50} 或 LC_{50}）。使实验动物一次染毒后，在14天内有半数实验动物死亡所使用的毒物剂量或浓度。

　　LD_{50}（半数致死量）单位：mg/kg，表示每1kg动物体重需要毒物的质量（以mg计）。

　　LC_{50}（半数致死浓度）单位：mg/m^3，表示每 $1m^3$ 空气中含有毒物的质量（以mg计）。

　　（2）毒物急性毒性分级

　　按WHO急性毒性分级标准，毒物的毒性分为剧毒、高毒、中等毒、低毒和微毒5级，见表5-1所示。

表5-1　毒物的急性毒性分级

毒性分级	剧毒	高毒	中等毒	低毒	微毒
大鼠一次经口LD$_{50}$/（mg/kg）	<1	1	50	500	5000
对人可能致死量/（g/kg）	<0.05	0.05	0.5	5	15
对人可能致死量（60kg体重）总量/g	0.1	3	30	250	>1000

❋ 想一想

① 阿司匹林对人的最小致死量为0.3～0.4g/kg，其毒性属哪级？

② 乙醇对年轻大鼠的经口LD$_{50}$为10.6g/kg，解释其含义。

3. 毒物进入人体途径

（1）呼吸道（图5-1）呼吸道是工业生产中毒物进入体内的最重要的途径。凡是以气体、蒸气、雾、烟、粉尘形式存在的毒物，均可经呼吸道侵入体内。人的肺脏由亿万个肺泡组成，肺泡壁很薄，壁上有丰富的毛细血管，毒物一旦进入肺脏，很快就会通过肺泡壁进入血循环而被运送到全身。

（2）皮肤　在工业生产中，毒物经皮肤吸收引起中毒亦比较常见。脂溶性毒物经表皮吸收后，还需有水溶性，才能进一步扩散和吸收，所以水、脂皆溶的物质（如苯胺）易被皮肤吸收。

（3）消化道　在工业生产中，毒物经消化道吸收多半是由于个人卫生习惯不良，手沾染的毒物随进食、饮水或吸烟等进入消化道。进入呼吸道的难溶性毒物被清除后，可经由咽部被咽下而进入消化道。

图5-1　毒物进入人体途径

❋ 想一想

① 毒物通过呼吸道对人体伤害最重要的影响因素是什么？

② 工作中如何避免毒物经皮肤及消化道进入人体？

4. 毒物对人体的危害

毒物被肌体吸收后，随血液循环（部分随淋巴液）分布到全身，当作用点达到一定浓度时，就可发生中毒。分为急性中毒、亚急性中毒和慢性中毒。毒物一次短时间内大量进入人体后可引起急性中毒；小量毒物长期进入人体所引起的中毒称为慢性中毒；介于两者之间者，称为亚急性中毒。机体与有毒化学物质之间的相互作用是一个复杂的过程，中毒后的表现千变万化。不同毒物作用于人体，会对人体的某个特定部位有着毒害反应。毒物对人体的危害见图5-2所示。

图5-2　毒物对人体的危害

❋ **练一练**

判断下列化学品毒害人体的作用点。

· 甲醇影响视神经，导致失明。
· 汽油中毒表现兴奋、狂躁、癫病。
· 一氧化碳中毒使血液的输氧功能发生障碍。
· 高浓度硫化氢抑制呼吸中枢或引起机械性阻塞而窒息。
· 氨气、氯气、二氧化硫、光气等引起肺炎及肺水肿。
· 苯中毒引起血液中红细胞、白细胞和血小板减少。
· 汞经口侵入引起出血性胃肠炎，铅中毒，有腹绞痛。

> **职业性肿瘤**
>
> 接触职业性致癌性因素而引起的肿瘤，称为职业性肿瘤。我国1987年颁布的职业病名单中规定石棉所致肺癌、间皮瘤，联苯胺所致膀胱癌，苯所致白血病，氯甲醚所致肺癌，砷所致肺癌、皮癌，氯乙烯所致肝血管肉瘤，焦炉工人肺癌和铬酸盐制造工人肺癌为法定的职业性肿瘤。

5. 防毒措施

为了消除工人在正常作业时受到危害物质的侵害，达到职业卫生和安全的目的，可以从工程技术和管理两方面进行毒物危害的预防与控制。

（1）工程技术控制 防毒工程技术控制措施如图5-3所示。选用无害或危害性小的化学品替代已有的有毒有害化学品是消除化学品危害最根本的方法。例如用水基涂料或水基黏合剂替代有机溶剂基的涂料或黏合剂；喷漆和涂漆用的苯可用毒性小于苯的甲苯替代等。

图5-3 防毒工程技术控制措施

隔离是指采用物理的方式将化学品暴露源与工人隔离开。最常用的隔离方法是将生产或使用的化学品用设备完全封闭起来，使工人在操作中不接触化学品。如隔离整个机器，封闭加工过程中的扬尘点，都可以有效地限制污染物扩散到作业环境中去。

有效的通风，使气体、蒸气或粉尘的浓度低于最高容许浓度。通风分局部通风和全面通风两种。使用局部通风时，污染源应处于通风罩的控制范围内；使用全面通风，其原理是向作业场所提供新鲜空气，抽出污染空气，从而稀释降低有害气体、蒸气或粉尘的浓度。

❋ **想一想**

在隔离密封系统和通风系统中，还需要什么安全设施？

（2）管理控制 管理控制的目的是通过登记注册、安全教育、使用安全标签和安全技术说明书等手段对化学品实行全过程管理，以杜绝或减少事故的发生。

另外，作业人员必须严格遵守操作规程，做好个人防护，正确佩戴合适有效的防护用具，避免毒物的入侵。

6. 中毒急救

中毒急救要领步骤如图5-4所示，对于呼吸道中毒，首先使患者脱离中毒环境，保持呼吸道通畅，对呼吸心跳停止者立即施行人工呼吸和胸外心脏按压；对于急性皮肤吸收中毒，应立即脱去受污染的衣物，用大量清水冲洗，也可用微温水，禁用热水；对于误服吞咽中毒，应当催吐、洗胃（用清水、生理盐水或其他能中和毒物的液体，洗胃液每次不超过500mL，以免把毒物冲入小肠）、清泻（口服或胃管送入大剂量的泻药，如硫酸镁、硫酸钠等）或采用药物解毒。

中毒急救要领

| 安全进入现场 | 迅速抢救生命 | 设法切断毒源 | 彻底清理污染 | 尽快送医治疗 |

图5-4　中毒急救要领

对于昏迷、痉挛发作，误吞强酸、强碱等腐蚀品，汽油、煤油等有机溶剂情况下禁用或慎用催吐的方法。

❈ **想一想**

某小区居民楼内发生煤气中毒事故，假设你是一名施救人员，应该怎么做？

任务二　认识生产性粉尘的危害及防护

1. 工业粉尘的来源

（1）固体物料的机械粉碎和研磨　例如选矿的矿石破碎过程。

（2）粉状物料的混合、筛分、包装及运输　例如水泥、面粉等的生产和运输过程。

（3）物质的燃烧　例如煤燃烧时产生的烟尘。

（4）物质被加热时产生的蒸气在空气中的氧化和凝结。

2. 生产性粉尘的分类

（1）无机粉尘　矿物性粉尘，如石英、石棉、滑石、煤等；金属性粉尘，如铁、锡、铝、锰、铅、锌等；人工无机粉尘，如金刚砂、水泥、玻璃纤维等。

（2）有机粉尘　动物性粉尘，如毛、丝、骨质等；植物性粉尘，如棉、麻、草、木、谷物等；人工有机粉尘，如农药、染料、合成树脂、合成橡胶、合成纤维等。

（3）混合性粉尘　是上述各类粉尘，以2种以上物质混合形成的粉尘，在生产中最多见。

✳ **想一想**

在你的生活中存在哪些粉尘？它们是如何产生的？

3. 工业粉尘的危害

（1）粉尘的化学成分的变化增加了粉尘对机体的有害程度　有毒的金属粉尘和非金属粉尘（铬、锰、镉、铅、汞、砷等）进入人体后，会引起中毒以致死亡。吸入铬尘能引起鼻中隔溃疡和穿孔，使肺癌发病率增加；吸入锰尘会引起中毒性肺炎；吸入镉尘能引起肺气肿和骨质软化等。

无毒性粉尘对人体危害也很大。长期吸入一定量的粉尘，粉尘在肺内逐渐沉积，使肺部产生进行性、弥漫性的纤维组织增多，出现呼吸机能疾病，称为尘肺（肺尘埃沉着病）。吸入一定量的二氧化硅粉尘，使肺组织硬化，发生硅肺，又称矽肺。

另外，以二氧化硫烟气为主的有毒粉尘成为影响我国空气环境的主要因素。

> 2013年12月23日，国家卫生和计划生育委员会、国家安全生产监督管理总局、人力资源和社会保障部、全国总工会联合印发《职业病分类和目录》，10类法定职业病分别是：①职业性尘肺病及其他呼吸系统疾病；②职业性皮肤疾病；③职业性眼病；④职业性耳鼻喉口腔疾病；⑤职业性化学中毒；⑥物理因素所致职业病；⑦职业性放射性疾病；⑧职业性传染病；⑨职业性肿瘤；⑩其他职业病。
>
> 生产性粉尘引起的职业病中，以尘肺最为严重。13种法定尘肺病中，发病人数最多的是矽肺病，发病人数占第2位的是煤工尘肺。

（2）粉尘的分散度趋向更加危害人体健康　粉尘的分散度是指粉尘颗粒大小的组成。10μm以上的粉尘被阻留于呼吸道之外；5～10μm的尘粒大部分通过鼻腔、气管上呼吸道时被这些器官的纤毛和分泌黏液所阻留，经咳嗽、喷嚏等保护性反射而排出；小于5μm的尘粒则会深入和滞留在肺泡中（部分0.4μm以下的粉尘可以在呼气时排出）。粉尘越细，在空气中停留的时间越长，被吸入的机会就越多，比表面积越大，在人体内的化学活性越强，对肺的纤维化作用越明显，微细粉尘具有很强的吸附能力，很多有害气体、液体和金属元素，都能吸附在微细粉尘上而被带入肺部，从而促使急性或慢性病的发生。0.4～5μm的粉尘产生量有着明显增加的趋势。

对人体有害粉尘通常是指粒径不大于5μm的粉尘。

（3）粉尘的浓度　粉尘的光学性质和能见度、粉尘的自燃性和爆炸性均向着不利的方向发展，据有关报道，全国近年来由于粉尘的积累和变化，城市上空能见度普遍下降，发生粉尘引起的爆炸事件有着上升趋势。

总之，工业粉尘会带来很大的危害，工业粉尘治理已经十分必要并且紧迫。

> 1977年，美国路易斯安那州一座现代化粮库发生爆炸，造成一年半以上粮食筒仓被毁，连办公大楼也未幸免，36人死亡，直接经济损失达3000万美元。英国和加拿大在化工和造纸等行业中也发生过多起粉尘爆炸事故，仅英国就243次，死伤204人。

✿ 想一想

粉尘爆炸产生的条件是什么？应该如何避免？

4. 防粉尘措施

防止粉尘危害主要在于治理不符合防尘要求的产尘作业和操作，目的是消灭和减少生产性粉尘的产生、逸散，以及尽可能降低作业环境中的粉尘浓度。防尘措施有技术措施和卫生保健措施。

（1）变革工艺，革新设备　生产工艺设计、设备的选择等各个环节都达到防尘要求，这是消除粉尘危害的根本措施。如采用封闭式风力管道运输，负压吸砂等消除粉尘飞扬。

（2）湿式作业　凡是可以湿式生产的作业都可采用湿式作业，它是一种经济易行的防止粉尘飞扬的有效措施。如矿山的湿式凿岩、冲刷巷道、净化进风等。

（3）密闭、吸风、除尘　对于不能采用湿式作业的产尘岗位，都应该将产生粉尘的设备尽可能密闭，并使用局部机械吸风，使密闭设备内产生一定的负压，防止粉尘外逸，抽出的含尘空气经过除尘净化处理后排入大气。

（4）卫生保健措施　卫生保健措施属于预防中毒的最后一个环节，占有重要的地位。在生产现场条件受限制、粉尘浓度暂时不能达到卫生标准时，可佩戴防尘口罩，必要时可佩戴等级更高的呼吸防护设备。

✿ 想一想

哪些措施可以防止课堂中粉笔尘灰的危害？

任务三　认识噪声的危害及防护

从环境保护的角度看，凡是影响人们正常学习、工作和休息的声音，且引起人的心理和生理变化即是人们在某些场合"不需要的声音"，都统称为噪声。

1. 噪声的分类

按照噪声的产生来源可将噪声分为以下4大类。

（1）交通噪声　主要指的是机动车辆、飞机、火车和轮船等交通工具在运行时发出的噪声。这些噪声的噪声源是流动的，干扰范围大。

（2）工业噪声　主要指工业生产劳动中产生的噪声。如纺织机、电锯、机床等由于机械的撞击、摩擦、固体的振动和转动而产生的机械性噪声。如通风机、空气压缩机、锅炉排气放空等由于空气振动而产生的空气动力性噪声；如发电机、变压器等由于电机中交变力相互作用而产生的电磁性噪声。

（3）建筑施工噪声　主要指建筑施工现场产生的噪声。在施工中要大量使用各种动力机械，要进行挖掘、打洞、搅拌，要频繁地运输材料和构件，从而产生大量噪声。

（4）社会生活噪声　主要指人们在商业交易、体育比赛、游行集会、娱乐场所等各种社会活动中产生的喧闹声，以及收录机、电视机、洗衣机等各种家电的嘈杂声。

2. 噪声强度

噪声的大小称为噪声强度或噪声音量，用"分贝（dB）"表示。

★ 10 ~ 20dB 几乎感觉不到。　　★ 20 ~ 40dB 相当于轻声说话。

★ 40 ~ 60dB 相当于室内谈话。　　★ 60 ~ 70dB 有损神经。

★ 70 ~ 90dB 感觉很吵。　　★ 90 ~ 100dB 会使听力受损。

★ 100 ~ 120dB 使人难以忍受，几分钟就可暂时致聋。

✿ **想一想**

90dB 的音乐是不是噪声呢？

3. 噪声对人体的危害

一名新进厂的员工，被分配到噪声较大的车间干活，开始感觉很不舒服，头昏脑涨，心烦意乱，有震耳欲聋的感觉，由于一直没有戴任何护耳器具，几个月后，过去的症状不见了，"适应"了噪声环境，似乎有充耳不闻的感觉。安静环境下，蚊子飞过的"嗡嗡"声也听不见。

（1）损伤听觉器官　人体听觉器官对外界环境有一种保护性反应，如果人长时间遭受强烈噪声的作用，会造成环境适应，即听力下降，久而久之，就会发生噪声性耳聋。

我国《工业企业噪声卫生标准》规定：工业企业的生产车间和作业场所的噪声允许值为 85dB（A）。表示工人在噪声环境中每天工作8h，容许连续噪声的A声级为85dB。时间每减少一半，声级可提高3dB（见表5-2）。

表5-2　噪声环境中每日的最长时间

噪声强度 dB/A	85	88	91	94	97	100
每日最长时间/h	8	4	2	1	0.5	0.25

在任何情况下，作业场所的噪声最高不容许超过115dB。

（2）情绪烦躁、降低工作效率。

（3）对人体的生理影响　国外曾对某个地区的孕妇普遍发生流产和早产作了调查，结果发现她们居住在一个飞机场的周围，祸首正是那起飞降落的飞机所产生的巨大噪声。

✿ **想一想**

当你从飞机里下来或从锻压车间出来有什么反应？为什么？

4. 噪声的控制

（1）控制噪声源　降低声源噪声，工业、交通运输业可以选用低噪声的生产设备和改进生产工艺，或者改变噪声源的运动方式（如用阻尼、隔振等措施降低固体发声体的振动）。

（2）阻断噪声传播　噪声的传播如图5-5所示，在传声途径上降低噪声，控制噪声的传播，改变声源已经发出的噪声传播途径，可采用吸声、隔声、声屏障、隔振等措施，以及合理规划城市和建筑布局等。图5-6是控制噪声的典型方法。

（3）人耳处减弱噪声　在声源和传播途径上无法采取措施，或采取的声学措施仍不能达到预期效果时，就需要在人耳处采取防护措施，如长期职业性噪声暴露的工人可以戴耳塞、耳罩或头盔等护耳器，这样可以降低噪声25 ～ 40dB，预防发生职业性耳聋。

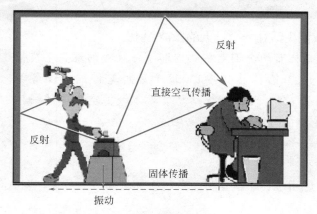

图5-5　噪声的传播

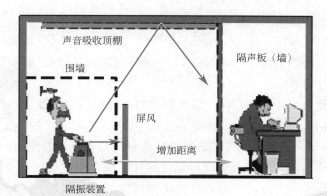

图5-6　噪声控制方法

※ **想一想**

降低噪声危害最有效、最经济的措施是什么？

任务四　认识辐射的危害及防护

辐射是指热、光、声、电磁波等物质向四周传播的一种状态。电磁波由电场和磁场的交互变化产生，电磁波向空中发射或泄漏的现象，叫电磁辐射。电磁辐射是以一种看不见、摸不着的特殊形态存在的物质，按照频率由低到高有无线电波、微波、红外线、可见光、紫外线、X射线和伽马射线。其中伽马射线波长最短，频率最高，能量最大，电离能力最强，足以令原子和分子电离化，故被列为"电离"辐射。

1. 电磁辐射源

电磁辐射源有天然和人造两大类，人类生存的地球本身就是一个大磁场，它表面的热辐射和雷电都可产生电磁辐射，太阳及其他星球也从外层空间源源不断地产生电磁辐射。雷电、太阳黑子活动、宇宙射线等都是天然辐射源。至于人造辐射源，则包括微波炉、电脑、高压电线、电视广播发射机和卫星通讯装置等。

我们生活在一个巨大的微波炉中

1999年5月8日公布的全国电磁辐射环境污染源的现状：广播电视发射设备共10235台，总功率130万千瓦；工科医疗设备共15335台，地球卫星3个，大哥大基站总数近万个；空中蛛网一样的高压输变电线等都在向外发射泄漏电磁波。

2. 电磁辐射的危害

电磁辐射具有引燃引爆、干扰信号、危害人体健康三大危害，对人体的危害包括以下几个方面。

① 可能有使儿童患白血病的危险。

② 能够诱发癌症并加速人体的癌细胞增殖。

③ 影响人类的生殖系统，如男子精子质量降低、孕妇流产或胎儿畸形等。

④ 影响人类的心血管系统，表现为心悸、失眠、白细胞减少、免疫功能下降等。

⑤ 可导致儿童智力残缺。

⑥ 对人们的视觉系统有不良影响，会引起视力下降、白内障等。

3. 电磁辐射的预防

（1）屏蔽法　利用一切可能的方法，将电磁能量限制在规定的空间内，防止其扩散。

① 电磁屏蔽。利用金属板或金属网等良性导体，或导电性良好的非金属形成屏蔽体，使辐射电磁波引起电磁感应，通过接地线导入大地。

② 磁场屏蔽。利用电导率高的材料，如铜或铝，封闭磁力线。铜网电磁屏蔽室如图5-7所示。

（2）远距离控制或自动化作业　根据电磁场场强随距离的增加迅速减弱的原理，进行工艺改革，实行远距离控制或自动化作业。

（3）吸收法　在场源周围设橡胶、塑料、陶瓷、石墨等吸收材料（这些材料的吸收率均达80%以上），将泄漏的电磁能量吸收并转化为热能。

图5-7　铜网电磁屏蔽室

（4）个人防护　从事高频或大功率设备附近岗位操作人员，在某些条件受限制，不能采用屏蔽的情况下，必须穿戴专门配备的防护服、防护眼镜和防护头盔等防护用品。

 想一想

哪些方法可预防生活中的人造电磁辐射源对人体的危害？

项目二 掌握个人防护用品的使用方法

生产过程中存在的各种危险和有害因素，会伤害劳动者的身体，损害健康，甚至危及生命。个人防护用品（personal protective equipment，PPE）就是在劳动过程中为防御物理、化学、生物等有害因素伤害人体而穿戴和配备的各种物品的总称。也称作劳动防护用品或劳动保护用品。

任务一 认识个人防护用品

劳动防护用品的种类如图5-8所示，劳动防护用品必须符合国家或行业有关标准要求，具有"三证"和"一标志"，即生产许可证、产品合格证、安全鉴定证和安全标志。

图5-8 劳动防护用品的种类

任务二 掌握个人防护用品的使用场合和佩戴方法

1. 头部防护——安全帽

结构与作用：安全帽是防止冲击物伤害头部的防护用品（结构如图5-9所示）。由帽壳、帽衬、下颊带、后箍等组成。帽壳呈半球形，坚固、光滑并有一定弹性，打击物的冲击和穿刺动能主要由帽壳承受。帽壳和帽衬之间留有一定空间，可缓冲、分散瞬时冲击力，从而避免或减轻对头部的直接伤害。

使用方法：戴安全帽前应将帽后调整带按自己头型调整到适合的位置，然后将帽内弹性带系牢。缓冲衬垫的松紧由带子调节，人的头顶和帽壳内顶部的空间垂直距离一般在25～50mm之间，至少不要小于32mm为好。

注意事项：在有效期内使用安全帽，植物枝条编织的安全帽有效期为2年，塑料安全帽的有效期限为2年半，玻璃钢（包括维纶钢）和胶质安全帽的有效期限为3年半，超过有效期的安全帽应报废。安全帽要注意保养，

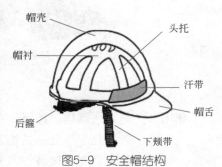

图5-9 安全帽结构

不能有如图5-10所示的行为。

用有机溶剂清洗　　　　钻孔　　　　涂上或喷上涂料

有损坏时仍然使用　　抛掷或敲打　　帽内再戴上其他帽子

图5-10　安全帽不能有的行为

2. 听力防护

听力防护用品如图5-11所示。

耳塞　　　　耳罩　　　　防噪声头盔

图5-11　听力防护用品

作用：防止耳部受损（当噪声大于80dB时需佩戴）。

使用方法：洗净双手，先将耳廓向上提拉，使耳腔呈平直状态，然后手持耳塞柄，将耳塞帽体部分轻轻推向外耳道内。不要用力过猛，以自我感觉舒适即可。

3. 眼面防护

眼面防护如图5-12所示。

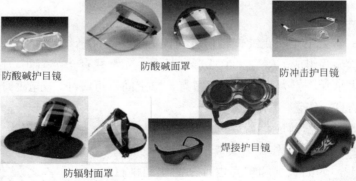

图5-12　眼面防护用品

作用：• 防止飞溅物、碎屑、灰沙伤眼睛及面部；
　　　• 防止化学性物品的伤害；
　　　• 防止强光、微波、激光和电离辐射等的伤害。

注意事项：在进行打磨、切割、钻孔等工作时必须佩戴防护眼罩，以防止眼睛受飞出的碎片割伤。

4. 呼吸防护

呼吸防护用品是防止缺氧空气和有毒、有害物质被吸入呼吸器官时对人体造成伤害的个人防护装备。

（1）呼吸保护器的分类

① 过滤式呼吸保护器。它通过将空气吸入过滤装置，去除污染而使空气净化。主要有口罩、半面罩、全面罩、动力送风式呼吸器4类（见图5-13）。

② 供气式（自给式）呼吸保护器（图5-14）。它是从一个未经过污染的外部气源，向佩戴者提供洁净气，可分为空气呼吸器、氧气呼吸器和化学氧呼吸器，使用最广的是正压式空气呼吸器。另外还有长管呼吸器和逃生用呼吸器。

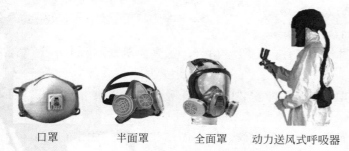

口罩　　　　半面罩　　　　全面罩　　　动力送风式呼吸器

图5-13　过滤式呼吸保护器

供气式（自给式）呼吸器

图5-14　供气式（自给式）呼吸保护器

（2）呼吸保护器的选择流程

呼吸保护器的选择流程如图5-15所示。

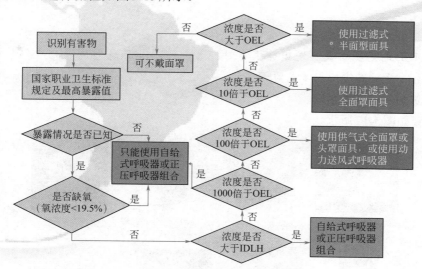

图5-15　呼吸保护器选择流程

IDLH浓度指立即威胁生命和健康的浓度；OEL指国家职业卫生标准规定接触限值

✳ 想一想

分析图5-15，总结呼吸器选择的依据有哪些？

（3）正压式空气呼吸器的使用

正压式空气呼吸器的组成如图5-16所示。

① 使用前检查。检查设备完整性：气瓶、背架组件和面罩3大部分，见图5-16所示。检查气瓶压力：打开气瓶阀，观察压力表读数（通常气瓶额定工作压力为30MPa，气瓶压力不得小于25MPa）。

② 佩戴气瓶。将气瓶阀向下背上气瓶，调节气瓶的位置和松紧，扣紧腰带。

③ 检查报警性能。关闭气瓶阀门，轻压供气阀红色按钮慢慢排气，压力下降至红色区域（5～6MPa），发出报警声。

④ 打开气瓶阀门。

⑤ 戴上面罩。将面罩从下颚部套入并贴合面部，拉上头带，使头带的中心处于头顶中心位置。

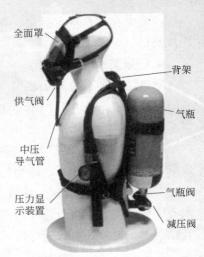

图5-16 正压式空气呼吸器组成

⑥ 检查气密性。用手心将面罩进气口堵住，深吸一口气，感到面罩紧贴脸上，无气体流动，说明面罩和脸部是密封的。

⑦ 连接供气阀和面罩。当听到咔嚓声时，即安装完毕，深吸一口气，供气阀打开，可进入危险现场工作。

⑧ 卸下呼吸器。脱离供气阀和面罩，关闭供气阀，卸下面罩和气瓶，关闭气瓶阀，排尽系统内余气。

a.一旦听到报警声，应立即准备结束工作，尽快撤离到安全场所。

b.压力表固定在空气呼吸器的肩带处，随时可以观察压力表读数，判断气瓶内的剩余空气。

❋ 想一想

当听到正压式空气呼吸器发出警报声时，大约5～8min的时间瓶内气体将耗尽，请问通常正压式空气呼吸器能使用多长时间？

5.手部防护——防护手套

防护手套如图5-17所示。

棉纱手套

耐高温手套

隔热焊接手套

防切割手套

防水防冻手套

防化手套

电工绝缘手套

防静电手套

图5-17 防护手套

注意事项：· 使用前检查手套是否损坏。

· 选择适当尺码的手套，以免妨碍动作或影响手感。

· 除下已污染的手套时应避免污染物外露及接触皮肤。

· 在手套使用后应彻底清洁及风干。

· 保存的地方应避免高温高湿的场所。

· 操作转动机械或车床时禁用手套。

6. 躯体防护——防护服

防护服如图5-18所示。

一般作业防护服　　　　防静电工作服　　　　防化工作服

图5-18　防护服

防护服用于保护作业者免受环境有害因素的伤害，分为一般作业防护服（防污、防机械磨损）和特殊作业防护服。特殊作业防护服有防静电工作服、防化工作服、防火抗热工作服、抗油抗水防护服和其他防护服装（防辐射工作服、防寒服、潜水服、宇航服等）。

穿戴要诀："三紧"，即领口紧、袖口紧、下摆紧。

7. 足部防护——防护鞋

防护鞋有电工绝缘鞋、防滑鞋、防化靴、防穿刺安全鞋、消防靴等（见图5-19）。

作用：· 防止物体砸伤或刺割。

· 防止高低温伤害。

· 防止化学性伤害。

· 防止触电伤害。

· 防止静电。

图5-19　防护鞋

8. 坠落防护用品

坠落防护用品如图5-20所示。

安全带　　　　　　安全绳　　　　　　安全网

图5-20　坠落防护用品

作用：当坠落事故发生时，使作用于人体上的冲击力少于人体的承受极限，从而实现预防和减轻冲击事故对人体产生伤害的目的。

救生绳如图5-21所示。

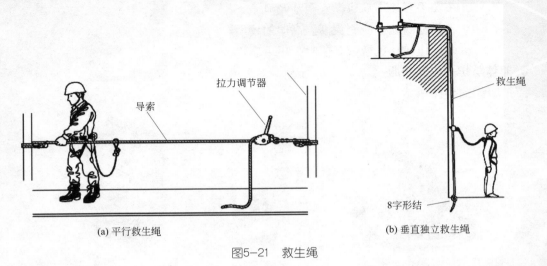

(a) 平行救生绳　　　　　　　　(b) 垂直独立救生绳

图5-21　救生绳

使用方法：安全带使用时应系紧在腰部，挂钩应扣在不低于作业者所处水平位置的固定牢靠处（高挂低用）。应注意经常检查安全带缝制的挂钩是否完好可靠，使用3m以上的长绳时，应使用缓冲器，自锁钩用吊绳例外，发现磨损要及时修理、更换。

项目三　掌握现场急救技能

在日常生活或工作中，人们时有发生急性疾病或受到意外伤害的可能。比如：外伤大出血、骨折、心脏骤停等。抢救不及时可导致病情加重甚至死亡。急救不仅仅是专业急救医务人员的责任，自救互救的重要价值不可忽视。掌握急救知识和技术，在自救互救中，人人都有被救的机会，人人都有施救的义务。

任务一　了解现场急救注意事项

1. 迅速判断事故现场的基本情况

在意外伤害、突发事件的现场，面对危重病人，作为"第一目击者"首先要评估现场情况，通过实地感受、眼睛观察、耳朵听声、鼻子闻味来对异常情况做出初步的快速判断。

（1）现场巡视

① 注意现场是否对救护者或病人造成伤害。

② 找出引起伤害的原因，受伤人数，检查是否仍有生命危险。

③ 现场可利用的人力和物力资源以及需要何种支援，采取的救护行动等。

④ 必须在数秒内完成。

（2）判断病情　现场巡视后，针对复杂现场，需首先处理威胁生命的情况，检查病人的意识、气道、呼吸、循环体征、瞳孔反应等，发现异常，须立即救护并及时呼救"120"或尽快护送到附近急救的医疗部门。

2. 呼救

（1）向附近人群高声呼救。

（2）拨打"120"急救电话。

注意：不要先放下话筒，要等救援医疗服务系统调度人员先挂断电话。急救部门根据呼救电话的内容，应迅速派出急救力量，及时赶到现场。

3. 排除事故现场潜在危险，帮助受困人员脱离险境

事故现场的潜在危险视具体事故现场而定，可能存在的风险有：火灾、坍塌、触电、中毒、溺水、机械伤害等。帮助受困人员脱离险境时必须注意自身安全。

4. 伤情检查

要有整体观，切勿被局部伤口迷惑，首先要查出危及生命和可能致残的危重伤员。

（1）生命体征　判断意识、脉搏、呼吸。

（2）出血情况　伤口大量出血是伤情加重或致死的重要原因，现场应尽快发现大出血的部位。若伤员有面色苍白，脉搏快而弱，四肢冰凉等大失血的征象，却没有明显的伤口，应警惕为内出血。

（3）是否骨折。

（4）皮肤及软组织损伤　皮肤表面出现淤血、血肿等。

任务二　掌握现场急救基本技术

通气、止血、包扎、固定、搬运是急救的5项基本技术。实施现场救护时，要沉着、迅速地开展急救工作，其原则是：先救命后治疗，先重后轻，先急后缓，先近后远；先止血后包扎，再固定后搬运。

1. 心肺复苏

（1）心肺复苏基本概念　心肺复苏（cardio-pulmonary resuscitation，CPR），是针对呼吸、心跳停止的急症危重病人所采取的抢救关键措施，即胸外按压形成暂时的人工循环并恢复的自主搏动，采用人工呼吸代替自主呼吸，快速电除颤转复心室颤动，以及尽早使用血管活性药物来重新恢复自主循环的急救技术。

抢救"黄金4分钟"

据统计，心脏猝死病人70%死于院外，40%死于发病后15分钟。心脏猝死大多是一时性严重心律失常，并非病变已发展到了致命的程度。只要抢救及时、正确、有效，多数病人可以救活。大量实践表明，心跳骤停4分钟内进行心肺复苏，有50%的人被救活；10分钟以上进行心肺复苏，几乎无存活可能，所以有"黄金4分钟"的说法。

（2）心肺复苏操作流程

严重创伤、溺水窒息、电击、中毒、手术麻醉意外等都可能导致心跳呼吸骤停。一旦心跳呼吸骤停，应立即实施心肺复苏术，其操作步骤如图5-22所示。

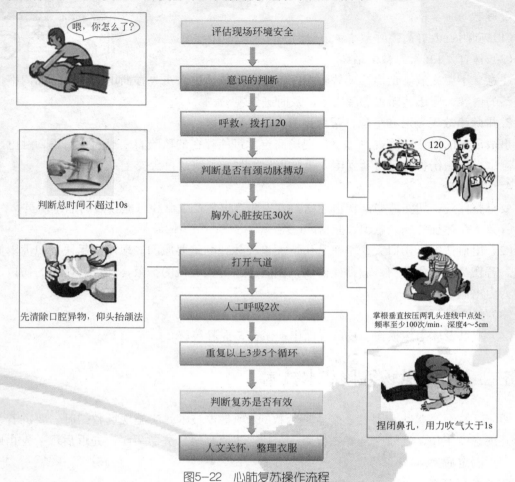

图5-22　心肺复苏操作流程

2. 止血

（1）出血的临床表现　成人的血液约占其体重的8%，失血总量达到总血量的20%以上时，伤员出现脸色苍白，冷汗淋漓，手脚发凉，呼吸急促，心慌气短等症状，脉搏快而细，血压下降，继而出现出血性休克。当出血量达到总血量的40%时，就有生命危险。

❋ 想一想

你知道通常无偿献血一次性献血量最多是多少吗？

（2）出血的种类

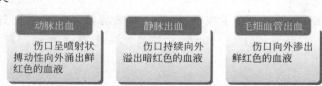

动脉出血　伤口呈喷射状搏动性向外涌出鲜红色的血液

静脉出血　伤口持续向外溢出暗红色的血液

毛细血管出血　伤口向外渗出鲜红色的血液

（3）止血的方法

① 一般止血法。创口小的出血，局部用生理盐水冲洗，周围用75%的酒精涂擦消毒。涂擦时，先从近伤口处由内向外周擦，然后盖上无菌纱布，用绷带包紧即可。如头皮或毛发部位出血，需剃去毛发再清洗、消毒后包扎。

② 加压包扎止血法。用消毒纱布或干净的毛巾、布块垫盖住伤口，再用绷带、三角巾或折成的条状布带紧紧包扎，其松紧度以能达到止血目的为宜（见图5-23）。此法多用于静脉出血和毛细血管出血及上下肢、肘、膝等部位的小动脉出血，但有骨折或可疑骨折或关节脱位时，不宜使用。

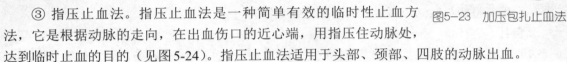

图5-23 加压包扎止血法

③ 指压止血法。指压止血法是一种简单有效的临时性止血方法，它是根据动脉的走向，在出血伤口的近心端，用指压住动脉处，达到临时止血的目的（见图5-24）。指压止血法适用于头部、颈部、四肢的动脉出血。

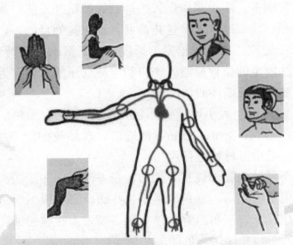

图5-24 指压止血法止血点

④ 填塞止血法。先用镊子夹住无菌纱布塞入伤口内，如一块纱布止不住出血，可再加纱布，最后用绷带或三角巾绕颈部至对侧臂根部包扎固定（见图5-25）。此法适用于颈部和臀部较大而深的伤口。

⑤ 止血带止血法。止血带止血法是快速有效的止血方法，但它只适用于不能用加压止血的四肢大动脉出血。方法分为橡胶止血带止血法和布条止血带止血法（见图5-26）。布条止血带止血法是用三角巾、布带、毛巾、衣袖等平整地缠绕在加有布垫的肢体上，拉紧或用"木棒、筷子、笔杆"等拧紧固定。

图5-25 填塞止血法

橡皮管   布条

图5-26 止血带止血法

注意事项：· 止血带应扎在伤口近心端，尽量靠近伤口。

· 捆绑压力要适当。

· 使用止血带的部位应该有衬垫。

· 止血带的结应打在身体外侧。

· 使用止血带者应有明显标记。

· 写明上止血带的时间。

· 每45min要放松1次，放松时间为2～3min。为避免放松止血带时大量出血，放松期间可改用指压法临时止血。

（4）对内出血或可疑内出血的伤员，应让伤员绝对安静不动，垫高下肢，有条件的可先输液，应迅速将伤员送到距离最近的医院进行救治。

3. 包扎

（1）包扎的目的和注意事项　包扎的目的在于保护伤口，减少感染，固定敷料夹板，夹托受伤的肢体，减轻伤员痛苦，防止刺破血管、神经等严重并发症，加压包扎还有压迫止血的作用。包扎要求动作轻、快、准、牢，包扎前要弄清包扎的目的，以便选择适当的包扎方法，并先对伤口作初步的处理。包扎的松紧要适度，过紧影响血液循环，过松会移动脱落，包扎材料打结或其他方法固定的位置要避开伤口和坐卧受压的位置。为骨折制动的包扎应露出伤肢末端，以便观察肢体血液循环的情况。

（2）包扎的材料　三角巾：大小可视实际包扎需要而定。绷带：我国标准绷带长6m，宽度分3cm、4cm、5cm、6cm、8cm、10cm 6种规格。现场救护没有上述常规包扎材料时，可用身边的衣服、手绢、毛巾等材料进行包扎。

（3）包扎的方法　不同的包扎部位有不同的包扎方法。例如，头部帽式包扎法、头耳部风帽式包扎法、三角巾眼部包扎法、三角巾胸部包扎法、三角巾下腹部包扎法、燕尾巾肩部包扎法、三角巾手足部包扎法、三角巾臀部包扎法、绷带手腕胸腹部环形包扎法、绷带四肢螺旋包扎法、绷带螺旋反折包扎法等，如图5-27所示。

绷带环形包扎法

绷带螺旋包扎法

绷带螺旋反折包扎法

绷带"8"字包扎法

三角巾头部包扎法

三角巾眼部包扎法

三角巾胸部包扎法

图5-27　不同的包扎方法

4. 骨折固定

处理骨折的注意事项：出现外伤后尽可能少搬动病人，疑脊椎骨折必须用木板床水平搬动，绝对禁忌头、躯体、脚不平移动。患者骨折端早期应妥善地简单固定。一般用木板、木棍、树枝、扁担等，所选用材料要长于骨折处上下关节，做好关节固定。固定的松紧要合适，固定时可紧贴皮肤垫上棉花、毛巾等松软物，并以固定材料固定，以细布条捆扎。经上述急救后即送医院进行伤口处理。骨折固定方法如图5-28所示。

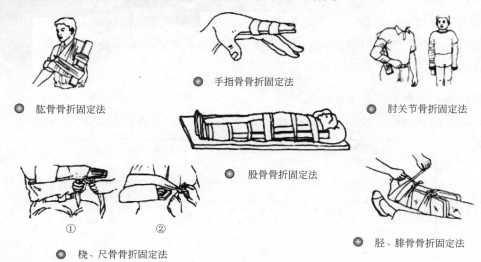

图5-28　骨折固定方法

5. 搬运

搬运方法如图5-29所示。搬运转送病人时，正确体位由不同病情而定：对急症病人，应该以平卧为好，使其全身舒展，上下肢放直；根据不同的病情，作一些适当的调整；高血压脑出血病人，头部可适当垫高，减少头部的血流；昏迷者，可将其头部偏向一侧，以便呕吐物或痰液污物顺着流出来，不慎吸入；对外伤出血处于休克状态的病人，可将其头部适当放低些；至于心脏病患者出现心力衰竭、呼吸困难的症状可采取坐位，使呼吸更通畅。

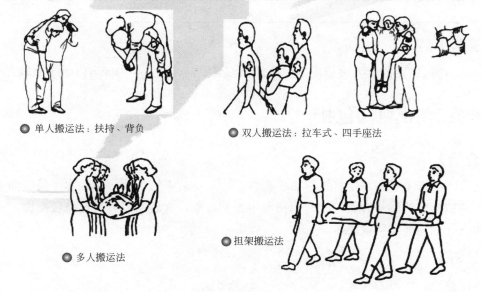

图5-29　搬运方法

实战演练1　个人防护用品的选择与穿戴

【任务介绍】

某化工厂硫化氢管道有一法兰处泄漏，现场在线监测器发出报警声，监测器显示浓度为 $18mg/m^3$。假设需要你前往现场处理，请选择合适的个人防护用品，并正确佩戴。

【任务分析】

分解任务一　个人防护用品的选择

根据任务情景分析危险因素，选择合适的个人防护用品，完成下表填写。

防护类型	是否需要	所需防护用品的具体类型	理由
头部防护			
呼吸防护			
听力防护			
躯体防护			
坠落防护			
足部防护			
手部防护			

分解任务二　个人防护用品的正确佩戴

简要描述正压式空气呼吸器的使用步骤。

_____

_____

_____

_____

【任务实施】

2人一组，在给定的个人防护用品中选择出你需要的，并且在10min内正确佩戴完毕。

实战演练2　止血与包扎

【任务介绍】

某化工厂操作工小陈将螺杆喂料机手孔打开时，垫片不慎掉落，小陈本能反应伸手想去抓住，不料被旋转的螺杆打到，顿时拇指和中指被打断，大量的鲜血快速持续喷出。请你针对此案例进行现场外伤急救操作。

【任务分析】

分解任务一　伤情的判断

根据案例情景分析伤情，确定止血包扎方法，完成下表填写。

出血情况描述	判断出血种类	确定止血方法

分解任务二　止血包扎用具的准备

根据止血方法，选择外伤处理所需要的工具，在需要的用品上打勾。

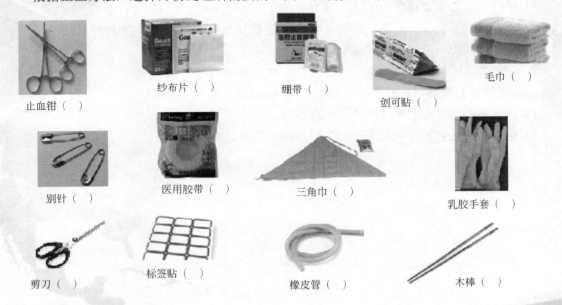

止血钳（　）　纱布片（　）　绷带（　）　创可贴（　）　毛巾（　）

别针（　）　医用胶带（　）　三角巾（　）　乳胶手套（　）

剪刀（　）　标签贴（　）　橡皮管（　）　木棒（　）

【任务实施】

2人一组，先准备好外伤处理所需要的用具，一人扮演伤员，另一人进行止血包扎操作，然后2人角色交换完成任务。

单元小结

1. 化工常见职业病：工业毒物、生产性粉尘、噪声、辐射等。
2. 个人防护用品：种类、使用场合、佩戴方法。
3. 现场急救：注意事项、基本技能（心肺复苏术、止血、包扎、固定、搬运）。

自我测试

1. 在化工企业，毒物进入人体最常见的途径是＿＿＿＿＿＿＿＿＿。

2. 呼吸性粉尘，是指粒径小于＿＿＿＿μm、能随空气进入到肺泡的浮游粉尘。

3. 止血点止血是在伤口＿＿＿＿＿＿＿端压迫动脉，以阻断血源达到止血的效果。

4. 安全带是高处作业人员预防坠落的防护用品，正确使用方法是＿＿＿＿＿＿＿＿。

5. 毒物的毒性常用LD_{50}表示，LD_{50}越大，表示该毒物的毒性越强。（　　）

6. 现场急救的黄金时间是心跳骤停后10min。（　　）

7. 当异物插入体内时，应立即拔出异物，再进行包扎。（　　）

8. 工作场所操作人员每天连续接触噪声4h，噪声声级卫生限值是（　　）dB。

A. 80 　　　　　　B. 85 　　　　　　C. 88 　　　　　　D. 91

9. 目前我国职业病发病率最高的是（　　）。

A. 铅中毒 　　　　B. 噪声聋 　　　　C. 尘肺病 　　　　D. 中暑

10. 下列哪个场合存在电离辐射（　　）。

A. 放射治疗 　　　B. 激光切割 　　　C. 微波加热 　　　D. 紫外消毒

11. 慢性苯中毒主要损害人的（　　）。

A. 呼吸系统 　　　B. 造血系统 　　　C. 消化系统 　　　D. 神经系统

12. 过滤式防毒面具适用于（　　）环境。

A. 低氧 　　　　　　　　　　　　　B. 任何有毒性气体

C. 高浓度毒性气体 　　　　　　　　D. 低浓度毒性气体

13. 请描述心肺复苏的操作步骤及注意事项。

14. 你知道的法定职业病有哪些？分析造成的职业危害因素和场合。

单元六　化工检修安全

　　化工安全检修不仅可以确保检修作业的安全，防止重大事故发生，保护职工的安全和健康，而且还可以促进检修作业按时、按质、按量完成，确保设备的检修作业质量，使设备投入运行后操作稳定、运转率高，杜绝事故和污染环境，为安全生产创造良好条件。

项目一　认识化工设备的维护和检修

化工行业的迅速发展，使大量的化工设备开始投入到化工企业当中进行生产。化工装置和设备在长期使用过程中需要及时做好必要的维护、保养和检修，提高其使用寿命，保证其正常运行。

任务一　认识化工设备维护

1. 设备维护的基本要求

在连续的化工生产过程中，经常会有易燃、易爆、高温、高压、有毒、强腐蚀并伴有复杂的传质、传热现象。所以为了有效地保证设备的稳定性，需要做好设备的维护保养工作，使设备在运行中保持可靠的性能。

（1）严格执行润滑制度，保持设备正常的运转周期。

（2）保持环境清洁干净、设备表面清洁，避免大气和化学介质对设备的腐蚀。

（3）做好设备各管路连接处的泄漏工作，避免火灾、爆炸及污染环境事故。

（4）做好相关的各项检查工作，避免设备突发性的停机事故。

2. 设备维护的基本方法

化工企业在生产过程中对连续性要求较高，所以在平时设备运行时需要对设备做到正确的使用、精心的维护和保养。

设备管理要建章立制，专人负责

设备要进行精心的维护，严格遵守相应的操作规程

加强相关职工的安全意识教育和提高职业素养

通过加强状态监测和故障管理来促进设备的维护保养

任务二　认识化工设备检修

1. 设备检修的目的和分类

设备检修的目的在于维持设备的安全运行、延长设备的使用寿命、发挥设备的生产效能。设备检修分为紧急检修和定期检修。

（1）紧急检修　设备发生故障时进行的检修，此类检修工作必须尽快进行。

（2）定期检修　属于预防性维护，有计划的检查和保养机器，避免故障。

需要指出的是检修和维护目的在于控制设备发生故障的风险，但检修本身也伴有巨大的危险性。

2.设备检修过程中的风险

（1）危险化学品检修作业风险。

（2）机械设备检修作业风险（阀门、电动机）。

（3）高空作业和受限空间检修作业风险。

（4）动火检修作业风险。

（5）电气检修作业风险。

（6）意外风险。

> 需要指出的是在化工生产和检修过程中发生的事故，88%是由于操作人员的不安全行为造成的，10%是由于工作中不安全条件造成的，2%是综合因素造成的。

3.控制风险的方式

对于检修的风险应尽可能进行提前预防，采用科学、系统的方法最大限度地控制事故的发生。

（1）源头控制　设备在设计过程中应考虑到维护和检修设备时伴随的风险，并给出限制风险发生的解决方案。

（2）方案全面　无论哪种类型的检修，都必须对风险进行全面评估，全面制订停车、检修、开车的方案以及安全措施和紧急状况下的应急预案，方案必须科学、具体。

（3）严格实施　严格按照实施方案进行设备的检修和维护过程，杜绝作业人员的不安全行为，是安全生产和检修的关键。

项目二　掌握能源隔离方法

能源隔离也称作能源隔断，是一种物理地阻止能量传递或者释放的机械装置。常见的能源隔离设备有：断开开关、滑动门、阀门、阻塞物和盲板等。能源隔离的目的是将物料泄漏的可能性减少到最低限度，避免危害工人健康及污染环境，避免各类安全事故的发生。

任务一　认识能源隔离

通常涉及化工生产所指能源包括电、机械、水力、气动、化学、热、气体、水、蒸汽、空气、重力等。

能源的主要危害有以下4个方面。

① 有害或高压介质的泄漏（向大气和其他设备、装置）。

② 易燃物、有毒物、腐蚀物和放射源产生的特殊危害。

③ 电气设备、机械（转动）设备可能产生的危害。

④ 某些"空置"的容器或限制区域也会有潜在危害，应禁止人员进入容器或限制区域。

（受限空间许可证制度）

任何能源使用不当都有危险！

1. 能源隔离的分类

通常将能源隔离按如下内容分类。

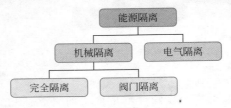

2. 各类隔离使用的场合

（1）机械隔离　机械隔离的办法主要是使用盲板、盲法兰或者阀门阻断管道或者设备中的介质，用于保证作业人员的安全。隔离方法所提供的安全等级能够满足防护潜在危害的需要。机械隔离分为完全隔离和阀门隔离，见表6-1所示。

表6-1　机械隔离的分类及手段

项目	完全隔离	阀门隔离
使用场合	在限制区域的入口处或是含有高危险性流体处都必须采用完全隔离	常用于完全隔离中，保持密封状态；在低危险且无入口的状态下
隔离手段	拆除短管，将开口端盲死（盲法兰见图6-1）；在法兰中间插入盲板（见图6-2）；八字盲板（见图6-3）转向等	阀门完全关闭，完成隔离

图6-1　盲法兰　　　图6-2　盲板　　　图6-3　八字盲板

下列情况下也使用完全隔离。

① 长期隔离（1周以上）。

② 设备需要封存处。

③ 采用高温作业处。

④ 对处于或高于自燃点的工艺流体。

（2）电气隔离　电气隔离是把电气设备安全地与每一个电源断开和分离。通常操作者必须获得相应操作的资质证书，并且要及时做好常规记录。

电气隔离设备指实际防止能量传输、积聚或释放的机械设备。包括手动操作断路器、断路开关、手动操作开关、挡板、阀、防旋设备、用于堵塞或隔离能量的所有类似设备等。

任务二 进行能源隔离操作

1. 实施隔离和取消隔离的程序

在维修或维护工作活动以前和期间，所有的机器、设备或管线系统的危险能源，必须隔离或去能，以确认它们处于安全位置。

下列动作对作业人员而言具有巨大的风险：

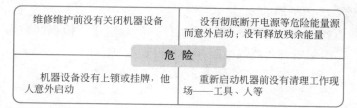

维修维护前没有关闭机器设备	没有彻底断开电源等危险能量源而意外启动；没有释放残余能量
危险	
机器设备没有上锁或挂牌，他人意外启动	重新启动机器前没有清理工作现场——工具、人等

为确保作业人员的安全，在设备维护和修理期间，要关闭运行设备的电源，并采用上锁和悬挂标志牌的措施，防止他人意外启动。作业完毕以后，按照程序解除上锁。

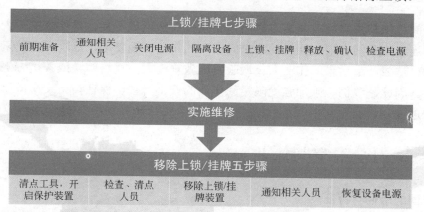

上锁/挂牌七步骤						
前期准备	通知相关人员	关闭电源	隔离设备	上锁、挂牌	释放、确认	检查电源

↓

实施维修

↓

移除上锁/挂牌五步骤				
清点工具，开启保护装置	检查、清点人员	移除上锁/挂牌装置	通知相关人员	恢复设备电源

2. 锁定、贴标签和查验

上锁、贴标签和查验是防止机械、装备运转时或者系统内意外地释放能量，从而达到保护员工的安全和健康及保护装备免受损坏的目的。

（1）锁定 阀门锁定可以通过缠绕金属丝圈、链条和挂锁或是使用经特殊设计需使用管理者钥匙才能开启的联锁阀门来完成，见图6-4所示。

图6-4 锁定

电动阀必须使用独立电源，所有手动功能必须锁定。无论用什么制动方法，都应让将来的操作者知道这阀门是有意制动的，这样"锁定"系统的重要性必须在适当的培训或程序性介绍中清楚地予以强调。

在密封开启以前，所有的隔离都应该经过检查、测试和确认有效。所有的排气和排放口都应经过检查，确认其通畅。

（2）贴标签　标签的功能是为了传达信息，见图6-5所示。主要内容包括以下2方面。

① "为什么"要关闭机器。

② 告知是"谁"关闭机器的。

图6-5　标签

（3）查验　检查操作启动控制、接合控制杆、测量电压、检查区域内隔离装置的阀门、开关断开等过程，以确保所有的能源被断开并且得到控制。

项目三　掌握受限空间作业安全技术

受限空间是指与外界相对隔离，进出口受限，自然通风不良，足够容纳一人进入并从事非常规、非连续作业的有限空间。受限空间作业的作业环境复杂，危险有害因素多，容易发生安全事故，造成严重后果；作业人员遇险时施救难度大，盲目施救或救援方法不当，又容易造成伤亡。因此，我们必须加强受限空间作业的安全管理，保证员工安全健康和企业的生产经营正常进行。

任务一　认识受限空间作业

受限空间的条件与特征

受限空间，必须要同时满足3个物理条件和1个危险特性，即"受限3+1"。

（1）物理条件（同时符合以下3条）

① 有足够的空间，让员工可以进入并进行指定的工作。

② 进入和撤离受到限制，不能自如进出。

③ 并非设计用来给员工长时间在内工作的。

（2）危险特征（符合任一项或以上）

① 存在或可能产生有毒有害气体。

② 存在或可能产生掩埋进入者的物料。

③ 内部结构可能将进入者困在其中。

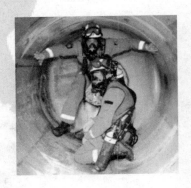

④ 存在已识别出的健康、安全风险。

有些受限空间是容易识别的，作业人员通常会做好保护工作。但有些受限空间并不明显，却同样存在着极大的危险性。

（1）容易识别的受限空间　储槽、塔、釜、裙座、井等。

（2）不易识别的受限空间　开口的舱室、炉子的燃烧室、管道、低洼的深坑等。

生产区域内炉、塔、釜、罐、仓、槽车、管道、烟道、下水道、沟、坑、井、池、涵洞、裙座等，都是……

任务二　掌握受限空间作业安全操作规范

1. 受限空间作业潜在危险

　　2006年2月20日，黑龙江省某公司作业人员检查水封罐是否有漏点时，1人先进入罐内检查，因与罐相邻氮气管道阀门泄漏，导致工作人员昏迷，另2人随即下罐救人时也昏倒在罐内，虽经抢救，3人全部死亡。

　　受限空间作业存在的主要危险有缺氧窒息、中毒、火灾爆炸、掩埋、坠落、触电、交通伤害及其他危害（如机械危害、高温、辐射等）。

　　（1）缺氧窒息　受限空间长时间不进行通风，或作业人员在进行焊接、切割等工作，或燃气泄漏、氧气被其他气体（如燃气）取代时，均可能存在窒息危险。

　　空气中安全氧气体积分数为19.5% ～ 23.5%。当空气中的氧气体积分数低于19.5%时，人会产生危险。

人在不同氧体积分数下的生理反应

环境中氧的体积分数/%	生理反应
21.0	正常
19.5	安全进入的最低水平
16.0 ～ 12.0	呼吸困难、情绪不稳、活动后异常疲倦
11 ～ 10	心跳快而弱、激动、眩晕
10 ～ 6	发闷及呕吐、不能自由活动、半昏迷状态
<6	喘气、呼吸停止、数分钟内心跳停止

　　（2）中毒　化工容器中可能残留某些化学品，可能会挥发或者释放出气体、烟或者蒸气，也可能从相连的管道或者其他空间内传递至作业的受限空间处。例如阀门、井等因长期

污水积聚和污泥进入，可能有生成硫化氢的危险。由于硫化氢重于空气，常积聚于受限空间的底部，甚至淤泥中，从而对作业人员的健康造成危害，硫化氢体积分数较高时会给作业人员造成生命危险。

（3）火灾爆炸　存在可燃介质或者含氧量过高时，均具有发生火灾爆炸的可能性。高浓度可燃粉尘也具有发生爆炸的可能，同时对作业人员自身造成严重的危害。

2. 危险防范的措施

（1）实行作业许可证制度。

（2）配备作业装备和防护器材

① 机械通风装置。

② 复合气体检测仪。

③ 防爆作业工具。

④ 个人防护装备。

（3）对作业和监护人员进行安全培训。

复合气体检测仪　　通风设备

防爆照明灯

救援三脚架

监护人的职责	作业人员的职责
作业前，监护人应做好安全设施、作业人员人数、作业工具、作业设备、联络信号等方面的全面检查	具备相关资质和许可证
作业过程中监护人负责对作业全程实施安全监督，确保安全措施全面落实	安全设施要落实完成，并检查确认
作业后做好相关清点工作	作业人员必须清楚作业地点、作业时间，作业内容、具体要求、危险因素、控制措施和应急办法
	遵章作业，服从监护人的指挥、作业中如有异常，要及时报告，配合处理问题

（4）落实作业相关安全措施

① 设置防护围栏以及警示标志。

② 隔离、通风，通风时间不少于30min，置换、气体检测。

③ 作业人员必须穿戴防护用具，使用防爆工具。

④ 室外应有2人以上监护。

有人工作
严禁合闸

（5）应急救援措施

① 作业现场配备应急救援设备。

② 监护人员与作业人员保持联络。

③ 制订专项应急救援预案，每年至少进行1次应急救援演练。

不能盲目施救，必须在确保自身安全的前提下救援。

✳ **想一想**

受限空间作业中和作业后分别有哪些安全措施（表6-2）？

表6-2　受限空间作业中和作业后的安全措施

受限空间作业中的安全措施	·要求作业人员严格按照规程实施方案
	·作业过程中不得随意改变个人防护用品的状态
	·作业人员发现异常状况应及时与监护人发出联系信号，采取安全措施
受限空间作业后的安全措施	·检查人员、工具，确保不留物件在空间内部
	·对受限空间内移动的物件要正确复位
	·清理作业残留物（废渣、废液、杂物等）
	·熄灭一切火种，确保现场不存在其他不安全因素
	·作业完成，交办相关事项，做好移交手续

✳ **想一想**

受限空间"三不进入"指的是什么？

① 没有受限空间作业许可证不进入。

② 没有监护人不进入。

③ 安全措施没落实不进入。

项目四　掌握动火作业安全技术

动火作业，也称之为热工作业，是很多企业主要的也是风险最大的生产作业活动之一。如果不能充分认识并采取有效的措施控制动火作业过程中的风险，则极有可能导致火灾、爆炸等事故的发生。控制动火作业行为，使风险降至最低，减少和避免火灾事故和其他事故的发生，保障生产安全。

任务一　认识动火作业

1. 动火作业的定义

动火作业指能直接或者间接产生明火的工艺设置以外的非常规作业。如使用电焊、气焊（割）、喷灯、电钻、砂轮等进行可能产生火焰、火花、炙热表面的非常规作业。

2. 动火作业的分类

通常将动火作业分为特殊危险动火作业、一级动火作业和二级动火作业3类。

（1）特殊危险动火作业　在生产运行状态下的易燃易爆物品的生产装置、输送管道、储罐、容器等部位上或者其他特殊危险的场所进行的动火作业。

（2）一级动火作业　在易燃易爆场所进行的动火作业。

（3）二级动火作业　除上2类的其他动火作业。

3. 动火作业区域的划分

（1）禁火区　化工生产过程中有可能形成易燃易爆的混合物的场所以及存在易燃易爆物质的场所。禁火区按照发生火灾和爆炸危险性的大小和造成危害的程度又划分为危险区（一级动火区）和一般危险区（二级动火区）。不同区域动火，安全管理制度不同。

（2）固定动火区　指允许正常使用电气焊（割）及其他动火工具从事检修、加工设备及零部件的区域。在固定动火区域内的动火作业，可不办理动火许可证，但是也应考虑风向、安全距离、隔离措施以及具有醒目的标志。动火作业相关标志见图6-6～图6-8所示。

图6-6　动火作业警告标志　　图6-7　禁止动火标志　　图6-8　可动火区提示标志

4. 动火作业许可证

动火证是化工企业执行动火管理制度的一种必要形式，动火作业必须办理《动火作业许可证》。样例如下：

动火作业许可证（部分）

施工单位：_____

动火工作负责人：　　姓名：_____　电话：_____

施工地点：_____

工作性质（请于下列项目打√）：

□熔切、气焊　　□电焊　　□焚烧、燃火　　□加热　　□研磨　　□其他

许可证开始时间：　　　　　　　　许可证失效时间（最多为72小时）

日期：___年___月___日___时___分　　日期：___年___月___日___时___分

作业前检查事项：□是　□否　□不需要　1.10m内的易燃、易爆物已清除或隔离。

　　　　　　　　□是　□否　□不需要　2.附近缺口处已覆盖。

　　　　　　　　□是　□否　□不需要　3.附近若有易燃装潢或地面，已做防火覆盖。

　　　　　　　　　　　　　　　……

① 动火作业许可证是动火现场的操作依据，不得涂改、代签。

② 动火作业许可证只能在批准的期间和范围内使用，期满而作业项目未完成，需要重新申办动火作业许可证。

　　　　　　　动火作业许可证不是为了签票而签票，是利用签票确认现场动火的风险及风险的排除！

任务二　掌握动火作业安全操作规范

1. 用火安全检测

在动火之前应该先对用火的内、外环境的可燃性气体、有毒有害气体、防窒息性气体含量进行检测，用火安全检测对于安全动火的成败几乎具有决定性的意义。

2. 实施抽堵盲板作业

动火作业前通常要进行抽堵盲板作业，确保物料处于安全状态。选择盲板时应考虑其材质、材料强度、防腐蚀、厚度等因素。

3. 选择合适的用火方式

首选不动火的安全施工方法，尽量减少施工用火量，必要动火时，应选择危险程度较低且能完成任务的方式。

4. 用火现场的安全要求

确保用火现场的安全隔离（安全距离、防火墙、防火兜等），做好用火现场的安全急救

准备（见图6-9）。

图6-9 用火现场安全隔离

5. 应对动火现场的特殊性给予充分重视

在动火作业的现场，不能同时进行产生易燃易爆性气体、液体的作业，比如在刷漆、喷涂的作业现场，不能同时进行动火作业。

※ **想一想**

动火作业中和作业后分别有哪些安全注意事项？

动火作业中作业人员应在动火点的上风作业，位于避开油气流可能喷射和封堵物射出的方位；动火作业结束后检查确认现场无安全隐患：动火现场余火是否熄灭，切断动火设备电源、气源，工具设备离场。

6. 动火作业容易产生的误区

下列情况下盲目实施动火作业是有危险的。

在化工企业中动火作业是一件极其复杂和危险性极高的作业，因此要加强设备的日常保养，尽量避免或者减少临时紧急停车动火，计划外抢修动火等，确保生产长周期、安全、稳定地进行。

✳ **想一想**

1. 你知道"动火作业六大禁令"吗？（本书见附录）

2. 动火作业中常说的"四不动火"是指什么？

① 没有动火作业许可证不动火。

② 没有监护人不动火。

③ 安全措施未落实不动火。

④ 与动火作业许可证内容不符不动火。

项目五　掌握高处作业安全技术

高处作业是指以人在一定位置为基准的高处进行的作业。国家标准GB/T 3608—2008《高处作业分级》规定：凡在坠落高度基准面2m以上（含2m）有可能坠落的高处进行的作业，都称为高处作业。高处作业具有高处坠落的危险，我国工业生产伤亡事故统计中所占比例最大的便是高处坠落。

任务一　认识高处作业

高处作业的定义标准示意图，见图6-10所示。以作业人员的脚下平面为作业高度面，坠落的高度差大于等于2m。一般情况下，当人在2m以上的高处坠落时，就很可能造成重伤、残废甚至死亡。

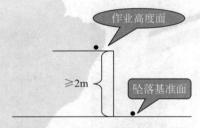

图6-10　高处作业标准示意图

高处作业的分类方法较多，可以从作业形式、作业高度、特殊作业等角度进行分类。

1. 从作业形式分类

主要包括临边、洞口、攀登、悬空及交叉5种基本类型，这些类型的高处作业是高处作业伤亡事故可能发生的主要地点。

（1）临边作业　施工现场中，工作面边沿无围护设施或围护设施高度低于80cm时的高处作业。

（2）洞口作业　孔、洞口旁边的高处作业，包括施工现场及通道旁深度在2m及2m以上的桩孔、沟槽与管道孔洞等边沿作业。

（3）攀登作业　借助建筑结构或脚手架上的登高设施或采用梯子或其他登高设施在攀登条件下进行的高处作业。

（4）悬空作业　在周边临空状态下进行的高处作业。其特点是在作业者无立足点或无牢靠立足点的条件下进行高处作业。

（5）交叉作业　在施工现场的上下不同层次，在空间贯通状态下同时进行的高处作业。

2. 从作业高度分类

从作业高度分，高处作业可分成一级、二级、三级和特级4个级别，不同的作业高度，可能坠落范围半径也不同，见表6-3所示。

表6-3　高处作业级别及坠落半径　　　　　　　　　　　　　　　　单位：m

作业高度/m	作业级别	坠落范围半径（R）/m
$2 \leqslant h < 5$	一级高处作业	3
$5 \leqslant h < 15$	二级高处作业	4
$15 \leqslant h < 30$	三级高处作业	5
$h \geqslant 30$	特级高处作业	6

3. 常见的特殊高处作业

根据高处作业所处的特殊环境，可以分为强风高处作业、人工照明夜间高处作业、雨天高处作业、雪天高处作业、接近电体高处作业、异温高处作业等。

任务二　掌握高处作业安全操作规范

1. 高处作业的危险因素（见表6-4）

表6-4　高处作业引起危险的因素

作业者	客观因素
作业者身体和精神状态不佳	风力过大（6级以上）
	温度因素（过高或者过低）
衣着不符合安全标准，安全措施不全或者不符合安全标准	作业场所有冰、雪、霜、水、油等
	光线不足
有麻痹思想，不按规定进行作业	带电作业
	作业面失稳
其他因素	其他因素

2. 高处作业的安全防护用具

高处作业过程中发生的高处坠物、物体坠落事故比较多，为了有效地避免这些危险的发生，必须要正确地选择有效的防护用具。

❋ **想一想**

你知道建筑施工安全"三件宝"指的是什么吗？

　　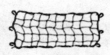

安全帽　　　　　　　　安全带　　　　　　　　安全网

通常正确地使用安全帽、安全带和安全网能很大程度上减少高处作业中事故和伤害的发生。除了上述3种安全防护用具，还有部分安全辅助设施，例如梯子、脚手架、警戒线、安全标志牌、其他应急设施等。

3. 高处作业的安全措施

（1）高处作业前的安全措施　首先要针对作业内容，做好风险识别，定制作业方案和程序；办理《高处安全作业证》，落实安全防护的措施；做好安全教育和安全交底；做好紧急救护的各项准备；检查作业人员的安全防护用具。

（2）高处作业过程中的安全措施

① 要求作业人员严格按照规程实施方案。

② 正确使用登高用具和防护用具。

③ 作业过程中不得随意改变个人防护用品的状态。

④ 高处作业应有监护人全程进行监护。

⑤ 作业现场可能发生坠落的物件，应一律先撤除或者加以固定。

⑥ 高处作业所使用的工具和材料等应装入工具袋，上下阶梯时手中不得持物。

如果感觉身体乏力或晕眩，则不宜在高空工作。

（3）高处作业后的安全措施　作业完毕后清理作业现场，拆除作业的辅助用具，余料废料及时运出。设立警戒区，拆除脚手架，拆除工作不得上下同时进行。高处作业完毕后，临时用电的电路应由具有特种作业操作证的电工拆除。作业人员安全撤离现场，验收人员在《高处安全作业证》上签字。

✳ **想一想**

哪些作业必须要作业许可证？

实战演练1　受限空间（罐内）作业

【任务介绍】

一个闲置储罐在使用前发现其内部有杂物。要求学生进入罐内，清除罐内杂物，为储罐投用作好准备。（分工：1名作业人员进入罐内，1名分析检测人员，1～2名监护人，1名现场安全负责人。）

【任务分析】

实训操作前，仔细研读装置工艺和情境以及任务要求。

分解任务一　作业危险因素分析

根据本任务的情境，分析检修存在的危险因素，提出防护措施，完成下表。

序号	危险因素	危害后果	防护措施

分解任务二　罐内作业方案制订

根据装置流程，为了避免危险的发生，我们应按如下步骤完成受限空间作业。

1._____

2._____

3._____

4._____

5._____

6._____

7._____

8._____

9._____

【任务实施】

根据制订的受限空间作业方案，分小组至装置现场执行任务。

1. 执行任务小组填写作业许可证，落实操作步骤。

2. 评价小组观察执行小组完成情况并做记录。

进入受限空间作业许可证

编号：

装置/单元名称		设备名称	
原有介质		主要危险因素	
作业单位		监护人	
作业内容			
作业人员			
作业时间	年　月　日　时　分至　年　月　日　时　分		

采样分析数据	采样时间	氧含量	可燃气体含量	有毒气体含量	分析工签名
		%	%		

序号	主要安全措施	选项	确认人
1	所有与受限空间有联系的阀门、管线加符合规定要求的盲板隔离，列出盲板清单，并落实拆装盲板责任人		
2	设备经过置换、吹扫、蒸煮		
3	设备打开通风孔进行自然通风，温度适宜人员作业；必要时采取强制通风或佩戴空气呼吸器，但设备内缺氧时，严禁用通氧气的方法补氧		
4	相关设备进行处理，带搅拌机的设备应切断电源，挂"禁止合闸"标志牌，设专人监护		
5	盛装过可燃有毒液体、气体的受限空间，应分析可燃、有毒有害气体的含量		
6	检查受限空间内部，具备作业条件，受限空间作业期间，严禁同时进行各类与该设备有关的试车、试压或试验工作		
7	检查受限空间进出口通道，不得有阻碍人员进出的障碍物		
8	金属容器和潮湿、工作场地狭窄的受限空间作业照明电压不大于12V；严禁将接线箱（板）带入容器内使用，在潮湿容器中，作业人员应站在绝缘板上，同时保证金属容器接地可靠		
9	原盛装过可燃液体、气体等介质，有挥发可能性的，应使用防爆电筒或电压不大于12V的自备直流电源的安全行灯；作业人员应穿戴防静电服装，使用防爆工具。严禁携带手机等非防爆通讯工具和其他非防爆器材		
10	作业监护措施：消防器材（ ）、救生绳（ ）、气防设备（ ）、安全三脚架（ ）		

危害识别及其他补充安全措施：

是否准许施工　　　□是　　　□否
负责人：　　　　　　　　　时间：

完工验收	验收时间	年　月　日　时　分	作业人	签名：	负责人	签名：

作业方案分步骤细化落实表

作业程序	细化落实目标	细化方案
（1）申请填写作业许可证	明确责任和填写的内容	
（2）选用个人防护	根据操作选择个人防护	
（3）放空、安全隔断	完全隔断、细化到阀门，工作落实到人	
（4）置换通风	明确通风操作执行人，通风方向等操作	
（5）气体检测	明确分析检测内容和操作方式	
（6）监护人监护	统一沟通方式	
（7）后备措施	安全绳	
（8）进入受限空间工作	监护、不间断联络	
（9）收尾工作	盲板回收、清点人数、清点工具	

实战演练2 泵检修前的能源隔断

【任务介绍】

正在运行的60℃苯储罐-泵系统，A泵出现故障。请在保证装置正常运行的前提下，为故障泵的检修做好准备工作。

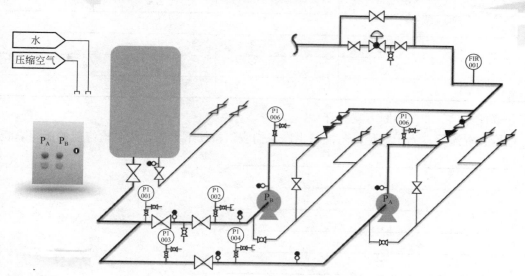

【任务分析】

实训操作前，仔细研读装置工艺和情境以及任务要求。

分解任务一　离心泵的切换

根据下图和离心泵的相关知识，填写离心泵的切换步骤。

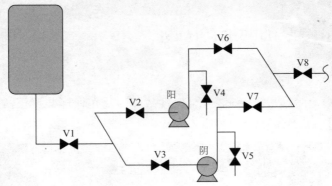

第一步：_____

第二步：_____

第三步：_____

第四步：_____

第五步：_____

分解任务二　检修危险因素分析

根据本任务的情境，分析检修存在的危险因素，提出防护措施，完成下表。

序号	危险因素	危害后果	防护措施
1			
2			
3			
4			
5			
6			
7			
8			

分解任务三　能源隔断方案制订

根据装置流程，为了避免危险的发生，我们应该按如下步骤完成泵检修前的能源隔断。

1._____

2._____

3._____

4._____

5._____

6._____

7._____

8._____

【任务实施】

根据制订的能源隔断方案，分小组至装置现场执行任务。

单元小结

1. 化工设备的维护和检修：检修中的风险、风险控制方式。
2. 能源隔离：能源隔离的分类、能源隔离操作规范。
3. 受限空间作业：定义、受限空间作业安全措施。
4. 动火作业：定义、动火作业安全措施。
5. 高处作业：定义、高处作业安全措施。

自我测试

1. 在受限空间作业时，氧气含量为_____是正常的范围。

2. _____级以上强风、浓雾等恶劣气候不得进行露天攀登、悬空等高处作业。

3. 能源隔断中，上锁或挂牌的最终目的是_____。

4. 动火作业许可证内容中重要的信息包括_____、_____等。

5. 为保证受限空间内空气流通和人员呼吸需要，可采用自然通风，必要时采取强制通风方法，但严禁向内充氧气。（　　　）

6. 在受限空间作业安全操作中，按照"先检测、后作业"的原则，当工作面发生变化时，视为进入新的有限空间，应重新检测后再进入。（　　　）

7. 建筑施工中严格规定使用安全"三宝"，即安全帽、安全带和安全鞋。（　　　）

8. 进入受限空间作业应使用安全电压，作业照明电压不大于24V。（　　　）

9. 在全国工业伤亡事故统计中，一般比例最高的事故为（　　　）。

A.坠落　　　　　　B.火灾爆炸　　　　　C.触电　　　　　　D.物体打击

10. 在限制区域的入口处或是含有高危险性流体处都必须采用（　　　）隔离。

A.阀门　　　　　　B.完全　　　　　　C.电气　　　　　　D.机械

11. 下列（　　　）不是能源隔断常用的工具。

A.盲法兰　　　　　B.8字盲板　　　　　C.栏杆　　　　　　D.插板

12. 在生产运行状态下的易燃易爆物品的生产装置上动火属于（　　　）动火作业。

A.特殊危险　　　　B.一级　　　　　　C.二级　　　　　　D.三级

13. 高空作业高度在5～15m时，称为（　　　）高空作业。

A.特级　　　　　　B.一级　　　　　　C.二级　　　　　　D.三级

14. 简述设备维护的基本要求。

15. 动火作业前有哪些安全防范措施？

16. 判断下列高处作业中工具的使用是否正确，在下方括号中打上"√"或"×"。

①（　　　）　　　②（　　　）　　　③（　　　）　　　④（　　　）

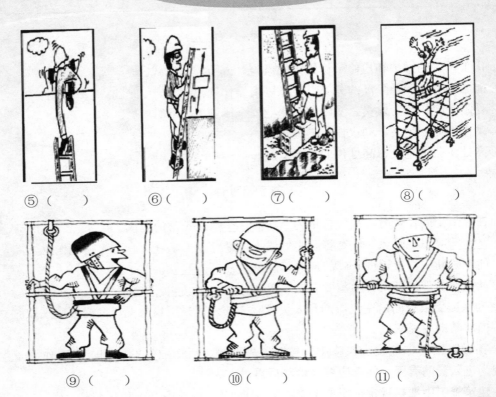

⑤（　　） ⑥（　　） ⑦（　　） ⑧（　　）

⑨（　　） ⑩（　　） ⑪（　　）

单元七 环境保护和清洁生产

    随着社会经济的不断发展，环境问题日趋严重，认识"三废"，了解国家环境质量标准，认识清洁生产，加强环境保护，提高资源利用率，实现可持续性发展，达到人与环境的和谐发展，是我们目前最主要的任务。

项目一　认识环境保护

环境保护是指采取行政、法律、经济、科技、宣教等多方面的措施，达到合理利用自然资源，防止环境污染和破坏，以求保持和发展生态平衡，扩大有用自然资源的再生产，保证人类社会的持续发展的手段。1972年联合国人类环境会议后，"环境保护"这一术语被广泛采用。

任务一　掌握环境保护基本知识

随着人类社会工业化的不断发展，人类对资源无节制的开发和对环境的肆意污染，使得自然加剧了对人类的报复，如图7-1所示。

环境日益恶化　　　土地退化、荒漠化　　　臭氧破坏，温室效应加剧　　　贫困饥饿增加

图7-1　自然对人类的报复

另外还有资源过度开发，导致能源危机，生产力下降；气候异常动植物物种灭绝加速；自然环境、空气和水环境质量日益恶化，导致人类健康受到威胁。我国已进入污染事故多发期和矛盾凸显期，环境保护面临的形势十分严峻。

1989年《中华人民共和国环境保护法》成立，2014年最新版修订通过，2015年1月1日起施行。《中华人民共和国环境保护法》第一章第六条：一切单位和个人都有保护环境的义务。第十二条：每年6月5日为环境日。

❋ 想一想

中国环境标志图形有什么寓意？

1. 环境质量标准

环境质量标准是为了保护人群健康、社会财富和维护生态平衡，以人类环境为对象，根据国家的环境政策和相关法令，在综合分析自然环境特征、控制污染物的技术水平、经济条件和社会要求的基础上，对污染物（或有害物）的容许含量所做的规定。环境质量标准是评价环境优劣和贯彻环境保护法的依据，例如：光气的车间最高容许浓度为$0.5mg/m^3$。

ISO 14000是国际标准化组织（ISO）第207技术委员会从1993年开始制订的系列环境管理国际标准的总称。ISO 14000标准系列（ISO 14001 ～ ISO 14100）共100个标准，7部分组成，包括环境管理体系（EMS）、环境标志（EL）、环境行为评价（EPE）、生命周期评估（LCA）、产品标准中的环境因素（EAPS）等。

2. 环境质量标准的分类

（1）按环境要素分　大气质量标准、水质量标准、土壤质量标准、生物质量标准。

（2）按标准制订者分　世界级标准、国家级标准、地方级标准。

（3）按标准的适用对象分　污染物排放标准、环境基础标准、环境质量标准、环境方法标准。

※ **想一想**

如何获得国家相关环境质量标准？

① 查阅相关资料和书籍，如：《实用环境工程手册》。

② 登录相关网站，如：中华人民共和国生态环境部。

③《环境空气质量标准》GB 3095—2012。（见附录）

3. 国家总量控制

总量控制也称总量排放标准，它的产生与环境保护的发展密不可分。在环境质量标准中，规定了污染物的浓度标准，而排到环境中的污染物的总量除了与浓度有关以外，还与污水、大气、固体废物单位时间的排出量有关。

排入环境中的污染物总量＝污染物浓度×单位时间排放量×排放时间

当排放的污染物总量超出环境受纳能力时，就会产生污染或环境问题。因此按环境受纳能力来控制污染物的排放总量，这就是总量控制。

※ **想一想**

要充分利用环境净化能力，达到既环保又经济的目的，在排污少的地区是否可以放宽排放标准呢？

4. 主要污染物控制指标

从"十二五"环境保护主要指标（见附录）中可知我国主要污染物控制指标，如图7-2所示。

图7-2　主要污染物控制指标

水中COD越高，表明水体中还原性物质（如有机物）含量越高，而还原性物质可降低水体中溶解氧的含量，导致水生生物缺氧以致死亡，水质腐败变臭。

氨氮是指水中以游离氨（NH_3）和铵离子（NH_4^+）形式存在的氮。

二氧化硫是无色、有刺激性嗅觉的气体。长期吸入二氧化硫会发生慢性中毒，不仅使呼吸道疾病加重，而且对肝、肾、心脏都有危害。另外，二氧化硫是我国酸雨的主要成分。大气中二氧化硫主要来源于含硫金属矿的冶炼、含硫煤和石油的燃烧所排放的废气。

《国家环境保护标准"十三五"发展规划》指出：继续加强对二氧化硫、氮氧化物等污染物的排放控制，同时，着力开展对挥发性有机物、颗粒物的排放控制研究与标准制修订。支撑化学需氧量、氨氮、重金属等重点污染物减排工作，加快建设覆盖工业源、生活源、农业源的水污染物排放标准体系。

> 2008年7月环境保护部环境认证中心发布国家环境标志技术标准《建筑装饰装修工程》颁布实施，该标准首次对装修中室内有害物质的总释放量进行了规定。如室内甲醛浓度＜0.07mg/m³，苯的浓度＜0.08mg/m³，氨的浓度＜0.18mg/m³。同时，该标准还对装饰装修的工程设计、装修材料、施工和工程验收各个环节提出了环保的具体要求。

任务二　了解"三废"的危害及处理方法

废气

废水

废渣

1."三废"的危害

> **英国伦敦烟雾事件**
>
> 1952年12月5～8日，英国伦敦市几乎全境被浓雾覆盖，4天中死亡人数较常年同期约多4000人，45岁以上的死亡最多，约为平时的3倍；1岁以下死亡的，约为平时的2倍。事件发生的1周中因支气管炎死亡是事件前1周同类人数的93倍。主要污染物为二氧化硫和烟尘。

（1）大气污染的危害　大气污染对人体、动植物、建筑及气候等都造成一定程度的危害，危害表现和主要污染物如表7-1所示。

表7-1　大气污染的危害

对象	危害	主要污染物
人体	毒物急性中毒，呼吸系统疾病，心脏病患者病情恶化	粉尘、SO_2、CO、O_3、多环芳烃等
植物	叶面枯萎脱落，生产量下降，抗病虫能力降低	氟化物、SO_2、NO_2、O_3
器物	沾污性损害，腐蚀变质	尘、烟粒子、SO_2、O_3
气候	全球气候变暖，全球海平面上升	氟里昂、CO_2、CH_4等温室气体

（2）水体污染的危害　水体污染的危害主要有以下几点。

① 含有丰富植物营养元素的废水可使藻类浮萍大量繁殖，危害水环境。

② 水中好氧微生物群分解有机物，消耗大量溶解氧，造成水体缺氧，使鱼类减少或死亡（图7-3）。

③ 含酸碱盐类废水可腐蚀管道和建筑物，也可使植物枯死、粮食减产或绝收，土壤板结和盐渍化。

④ 含有有毒物质的废水，直接或间接、近期或远期对人体产生毒害作用。

图7-3　水体污染

⑤ 含有各种病原虫、寄生虫及卵、病毒、病菌和其他致病微生物的废水会造成疾病的传播和蔓延，危害人体和牲畜的健康。

（3）工业废渣的危害　工业废渣的性质多种多样，成分也十分复杂，对环境的危害很大，主要表现为以下3大方面。

　　南洞庭湖附近造纸厂排污口，水位降低，原本沉淀在湖里的污染废渣全部裸露在外。

① 污染土壤。工业废渣的堆放，占用大量的良田沃土，渗入土壤之中，使土壤毒化、酸化或碱化，影响植被的生长。有些污染物在植物体内富集，通过食物链影响人体的健康。

② 污染水体。工业废渣在雨水、冰雪的作用下，很容易融入江河湖海或通过土壤渗入地下水域，其中的有毒有害成分被浸出，造成水体的严重污染和破坏。

③ 污染大气。以微粒状存在的废渣在大风的吹动下会随风飘扬，扩散到远处造成大气的污染。有些工业废渣在适宜的温度和湿度下，会被微生物分解，释放出有害气体。

✳ 想一想

2008年6月1日我国全国范围内正式实施"限塑令"，你了解"白色污染"的危害吗？

✳ 练一练

查找参考资料完成下列污染源与对应的人体危害连线。

二氧化硫	强氧化剂,强烈刺激人的呼吸道,还会破坏人体的免疫机能
一氧化碳硫	强致癌物、致畸原及诱变剂，对眼睛、皮肤有刺激作用
苯	跟血红蛋白结合，使血液丧失运输氧的功能，化学窒息
苯并[a]芘	刺激性气体，接触皮肤或眼睛可引起黏膜刺激或灼伤，机体组织发炎
臭氧	有机溶剂，吸入其蒸气引起神经麻醉，抑制脑功能

2."三废"排放途径及排放特征

（1）大气污染物排放源及排放特征

① 工业企业排放源。排放量大而集中，污染物种类繁多，组成复杂，浓度高。

② 交通运输排放源。具有流动性，随着经济发展造成污染日趋严重。

③ 生活炉灶排放源。排放量大，分布广，排放高度低造成低空污染。

排放的主要大气污染物见表7-2所示，化工废气的来源主要有：化学反应中产生的副反应和反应进行不完全所产生的废气；产品加工和使用过程中产生的废气，以及搬运、破碎、筛分及包装过程中产生的粉尘等；生产技术路线及设备陈旧落后，从而产生不合格产品或造成物料的跑、冒、滴、漏；管理不善、指挥不当、操作失误造成废气的排放；化工生产中排放的某些气体在光或雨的作用下，发生化学反应产生有害气体等。

表7-2 排放的主要大气污染物一览

炼焦厂	烟尘、二氧化硫、一氧化碳、硫化氢、苯、酚、烃类
钢铁厂	烟尘、二氧化硫、一氧化碳、氧化铁尘、氧化钙尘、锰尘
各类化工厂	具有刺激性、腐蚀性、异味性或恶臭的有机和无机气体
火力发电厂	烟尘、二氧化硫、一氧化碳、氮氧化物、苯
汽车尾气	一氧化碳、烃类化合物、氮氧化合物、铅的化合物
家庭炉灶	燃烧煤和石油产生的烟尘和废气
火山	火山灰颗粒、二氧化硫、硫化氢
煤田和油田	自然逸出的煤气和天然气

（2）废水的来源和分类 废水可分为生活污水和工业废水，工业废水按照生产制造行业的特点分为4类。

① 无机废水。采矿、冶金、煤炭、建筑、无机酸制造等行业。

② 有机废水。造纸、食品加工、石油化工、皮毛加工等。

③ 混合废水。炼焦、化肥、橡胶、制药等。

④ 放射性废水。核电站等。

✳ **想一想**

请同学们讨论生活污水主要有哪些？至少例举3个方面。

生活污水有什么特点？

（3）化工废渣分类及特点 废渣按其来源分为工业废渣、农业废渣和城市生活垃圾等。化工废渣指化学生产过程中产生的固体和泥浆废弃物，包括化工生产过程中排出的不合格的产品、副产物、废催化剂、蒸馏残液以及废水处理产生的污泥等。可分为无机废渣和有机废渣，如图7-4所示。

| 无机废渣 | 排放量大，毒性大，对环境污染严重 |
| 有机废渣 | 组成复杂，有些具有毒性、易燃性和爆炸性，排放量一般不大 |

图7-4 无机废渣和有机废渣

为了便于管理化工废渣，通常按行业和工艺过程进行分类，如硫酸生产过程中产生的硫铁矿烧渣、铬盐生产过程中产生的铬渣、电石乙炔法聚氯乙烯生产过程中产生的电石渣等。

✳ **想一想**

在一些化工厂经常会看到火炬燃烧现象，你知道是怎么一回事吗？

3. 化工"三废"的处理常规

（1）化工废气的常规处理　化工废气的类别不同，处理方法也各不相同。通常根据废气的化学和物理性质、浓度、排放量、排放标准以及回收的经济价值等因素选择具体的、经济的、行之有效的方法。主要的常规处理方法有以下几种。

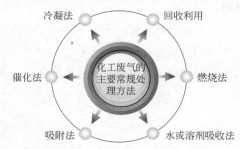

① 回收利用，减少污染物排放，增加经济效益。

② 燃烧法。该法主要适用于烃类化合物、一氧化碳、沥青烟、黑烟等有害物质的净化处理。燃烧法工艺比较简单，操作方便，但不能回收有用物质，并且容易造成二次污染。

图7-5中废气直接燃烧，燃烧温度高达1100℃以上。

③ 水或溶剂吸收法。吸收法是利用气体中的不同组分在同一种液体中的溶解度的不同，从而使气体得到净化分离的原理，吸收法通常采用逆流操作。

④ 吸附法。使废气与大表面多孔性固体物质相接触，废气中的有害组分将吸附在固体表面，从而达到净化目的。常用吸附剂有分子筛、活性炭等。它们可用于大多数有机废气的吸附。

图7-5　"火炬"燃烧

活性炭

分子筛

⑤ 催化法。利用催化剂的催化作用，使废气中的有害组分发生化学反应，并转化为无害物质或易于处理和回收利用的物质的一种方法。

⑥ 冷凝法。采取降低系统温度或提高系统压力的方法，使处于蒸气状态的污染物冷凝并从废气中分离出来的方法。冷凝法要求冷却温度低，能量消耗大，对设备要求高，经济上不合算。

SO₂废气的处理

SO₂在造成大气污染的硫氧化合物总量中占95%左右。防治SO₂污染的措施：首先采用无污染或少污染的工艺技术或改革工艺流程，从源头控制。对于高含量SO₂废气的治理可采用高烟囱扩散稀释法、燃料的低硫化等技术。对于低浓度SO₂废气的治理通常采用烟气脱硫技术。

烟气脱硫中使用较为普遍的方法为钙碱法，又称石灰–石膏法，即用石灰石($CaCO_3$)、生石灰(CaO)或消石灰$[Ca(OH)_2]$的乳浊液为吸收剂吸收烟气中的SO_2的方法，对吸收液进行氧化可副产石膏。该法所用的吸收剂廉价易得，吸收效率高，回收的产物石膏可用作建筑材料。

$$Ca(OH)_2 + SO_2 \longrightarrow CaSO_3 + H_2O$$
$$CaSO_3 + SO_2 + H_2O \longrightarrow Ca(HSO_3)_2$$
$$CaSO_3 + 1/2O_2 + 2H_2O \longrightarrow CaSO_4 \cdot 2H_2O$$

（2）化工废水处理

① 表征污水水质的主要指标

a.化学需氧量（COD）。

b.生化需氧量（BOD）。在温度、时间一定的条件下，微生物在分解、氧化水中有机物的过程中，所消耗的游离氧的数量。

c.pH。表示水的酸碱状况。

d.悬浮物（SS）。在吸滤过程中，被石棉层或滤纸所截留的水样中的固体物质经过105℃干燥后的质量。

e.色度。当水中存在某些物质时，使水呈现一定颜色，即为色度。规定以1mg/L氯铂酸离子形式存在的铂所产生的颜色为1度。

f.氨氮、硝酸盐氮。可反映污水分解过程和经处理后的无机化程度。

② 废水处理技术。废水处理技术按照其作用原理，可分为物理法、生物法和化学法等。按照处理精度可分为预处理、一级处理、二级处理和三级处理，如图7-6所示。

图7-6　处理精度

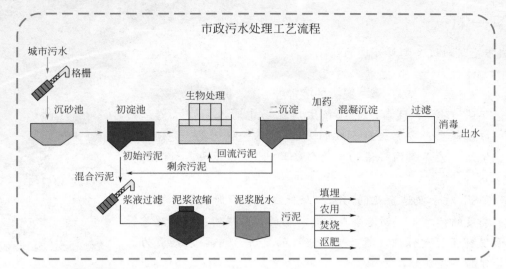

（3）化工废渣处理

① 废渣污染控制技术政策（见图7-7）。

图7-7　废渣污染技术控制政策

② 化工废渣处理方法。物理处理法：通过浓缩或相变化，改变废渣的结构的过程，包括压缩、破碎、分选等方法。化学处理法：通常用于有毒、有害废渣的处理，需与浓缩、脱水、干燥等后续操作联用。生物处理法：利用微生物对有机废渣的分解作用。使其无害化；焚烧处理法：只适用于含可燃物成分高的废渣。固化法：将废物固定或包含在坚固的固体中，以降低或消除有害成分溶出的处理技术。

③ 废渣的处置。废渣的处置即解决废渣的归宿问题，是废渣污染控制的最后环节。废渣处置方法包括2大类：陆地处置和海洋处置，如图7-8所示。

图7-8　废渣处理方法

❋ **想一想**

城市生活垃圾是怎样处理的？

"5S"现场环境管理

"5S"起源于日本，是指在生产现场中对人员、机器、材料、方法等生产要素进行有效的管理。"5S"即整理、整顿、清扫、清洁、素养，因日语的罗马拼音均为"S"开头，所以简称为"5S"。

"5S"对于塑造企业的形象、降低成本、准时交货、安全生产、高度的标准化、创造令人心旷神怡的工作场所、现场改善等方面发挥了巨大作用。随着世界经济的发展，"5S"已经成为工厂管理的一股新潮流。

"6S"：增加安全（safety）；"7S"：增加节约（save）；"10S"：增加习惯化（shiukanka）、服务（service）、坚持（shitukoku）。总之，万变不离其宗，都是从"5S"里衍生出来的。

项目二　认识清洁生产

人类社会发展中的环境保护历程大致经历了4个阶段（图7-9）：直接排放阶段、稀释排放阶段、末端治理阶段（采用"头痛医头，脚痛医脚"的做法，清除人类活动和生产过程中的废物，但由于环保投入不能抵偿污染物排放速度，环境问题依然存在）、清洁生产和可持续发展阶段（提高资源利用率，在生产过程中控制废物的产生，从而达到可持续发展的目的）。

图7-9　环境保护历程的4个阶段

任务一　掌握清洁生产的概念

1. 清洁生产的定义

清洁生产的定义有很多种，这里列举2个定义。

（1）联合国环境署1996年定义

　　清洁生产是一种新的创造性的思想，该思想将整体预防的环境战略持续应用于生产过程、产品和服务中，以增加生态效率和减少人类及环境的风险。

　　——对生产过程，要求节约原材料和能源，淘汰有毒原材料，减少降低所有废弃物的数量和毒性。

　　——对产品，要求减少从原材料提炼到产品最终处置的全生命周期的不利影响。

　　——对服务，要求将环境因素纳入设计和所提供的服务中。

（2）《中华人民共和国清洁生产促进法》定义

　　第二条　本法所称清洁生产，是指不断采取改进设计、使用清洁的能源和原料、采用先进的工艺技术与设备、改善管理、综合利用等措施，从源头削减污染，提高资源利用效率，减少或者避免生产、服务和产品使用过程中污染物的产生和排放，以减轻或者消除对人类健康和环境的危害。

2. 清洁生产的内涵

清洁生产的内涵如图7-10所示。

使用清洁的能源指常规能源的清洁利用、可再生资源的利用、新能源开发、节能技术。开发清洁的生产过程要求减少使用有毒害的原料，避免产生有毒害的中间产品，减少生产过程的危险性；采用少废、无废工艺，采用高效设备；采用物料再循环技术。清洁的产品是通过使用清洁原料和技术生产的，不包含对人体健康以及生态环境造成危害的产品，产品易于回收、复生和再次使用。

图7-10　清洁生产内涵

3. 清洁生产的原则

（1）连续性　要求对产品和工艺连续不断地进行改进。

（2）预防性　本质要求产品生产通过原料替代、工艺重新设计、产品替代，从源头对污染进行预防干预。

（3）综合性　作为企业整体战略的一部分贯彻到企业的各个部门。

❋ 练一练

清洁生产的实质包括（　　　）。（多选）

A.从源头抓起　　　　　　　　　B.全过程控制

C.预防为主　　　　　　　　　　D.实现经济效益和环境效益的统一

任务二 了解企业实施清洁生产的途径

清洁生产是一个系统工程，它是对产品生产的全过程以及产品的整个生命周期中采取污染预防的综合措施。工业生产过程与生产工艺千差万别，因此要全面推进清洁生产战略，应从企业自身出发，在产品设计、原料选择、生产工艺、生产设备、工艺参数、操作规程等方面全面分析减少污染的可能，寻找清洁生产的机会和潜力。

实施清洁生产的途径主要有如下几种。

1. 改进产品设计

改进产品设计的宗旨是将环境因素纳入产品开发的所有阶段，使产品在使用中效率高、污染少、便于回收（见图7-11）。

2. 选择环境友好材料，注重物料再循环

① 选择清洁的生产原料。

② 选择可再生原料（注重再生周期性）。

③ 选择可循环利用的原料。

在不影响产品技术性能和寿命的前提下，使用原料越少，说明产生的废物越少，对环境的影响也越小。

图7-11 产品设计要求

3. 改进技术工艺，更新设备

改革工艺和设备是预防废物产生、提高生产效率和效益、实现清洁生产最有效的方法之一，但是工艺技术和设备的改革通常需要投入较多的人力和资金，因而实施时间较长。工艺改革的方式见图7-12。

4. 实现资源综合利用

资源综合利用是全过程控制的关键部位：增加了产品的生产，同时减少了原料费用，减少了工业污染及其处置费用，降低了成本，提高了工业生产的经济效益。资源综合利用的前提：资源的综合勘探、综合评价和综合开发。

图7-12 工艺改革的方式

5. 加强科学管理

目前的工业污染约有30%以上是由于生产过程中管理不善造成的，只要加强生产过程的科学管理、改进操作，不需花费很大的成本，便可获得明显减少废弃物和污染的效果。

（1）调查研究和废弃物审计 摸清从原材料到产品的生产全过程的物料、能耗和废弃物产生的情况，通过调查，发现薄弱环节并改进。

（2）坚持设备的维护保养制度 使设备始终保持最佳状况。

（3）严格监督 对生产过程中各种消耗指标和排污指标进行严格的监督，及时发现问题，

堵塞漏洞，并把员工的切身利益与企业推行清洁生产的实际成果结合起来进行监督、管理。

6. 提高技术创新能力

清洁生产要达到"节能、降耗、减污、增效"的目的，必须依靠科技进步，加快自身技术改造的步伐，提高整个工艺技术装备和工艺的水平，实施清洁生产方案，取得清洁生产效果。

✿ **想一想**

制造啤酒工艺中的一个工序是对啤酒花、麦芽和大麦的粉碎，国内通常用干法粉碎，即将干燥的原料通过简单的研磨工艺完成。国外通常采用加湿粉碎的办法。比较2种不同的操作方式产生的不同效果。

任务三 认识清洁能源和清洁产品

1. 清洁能源

清洁能源，即非矿能源，也称作非碳能源，是清洁的能源载体，它在消耗时不生成二氧化碳等对环境有潜在危害的物质。

清洁能源有狭义和广义之分，分类如下：

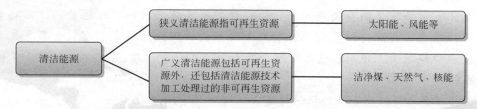

21世纪能够代替目前石油、天然气、煤炭等矿物资源的清洁能源主要分为核能、水电和可再生资源（太阳能、地热能、生物质能等）3大类。

> **我国能源利用的现状**
>
> 清洁能源在我国能源消费中，除了水电占据5%以外，其他如核能、太阳能、风能、地热能等加起来也不足1%，我国消费煤炭的比重居高不下，20世纪90年代，我国消费煤炭资源占总消耗能源的75%，高出全世界45个百分点。
>
> 我国水资源丰富，但是水资源开发程度很低。核电技术在我国尚属起步阶段，发展缓慢。目前世界各国在新能源开发方面都处在飞速发展期，而在我国几乎是一片空白。地热能、海洋能和生物质能虽然有一定的资源优势，但是技术上缺乏突破，产业规模和商业价值都不大。

2. 清洁产品

清洁产品指在产品的整个生命周期中，包括生产、流通使用及使用后的处理处置，不会造成环境污染、生态破坏和危害人体健康的产品。也称作绿色环境友好型产品，即绿色产品。

"绿色产品"是不限定范围的，诸如以下几种。

① 不施化肥、农药种植的蔬菜。

② 用不含抗生素、生长激素和添加剂的饲料养成的家禽肉。

③ 能自行降解而安全回归大自然的塑料制品。

④ 既节省燃料又极易拆卸、回收、再利用的汽车。

⑤ 完全用木、石、土等天然材料建造的住宅。

⑥ 太阳能电池供电的"绿色体育馆"等。

✳ **想一想**

你能想到哪些是绿色产品呢？请举例说明。

无公害食品、绿色食品和有机食品

无公害食品禁用高毒高残农药、推广使用低毒低残农药；绿色食品提倡减量化使用常规农药、化肥，对基因工程和辐射技术的使用未作规定；有机食品在其生产加工过程中绝对禁止使用农药、化肥、激素等人工合成物质，并且不允许使用基因工程技术。

无公害食品及绿色食品的标识都是唯一的。有机食品在不同的国家、不同的认证机构，其标识不相同，2005年4月1日我国出台了《有机产品》国家标准，在国内通过有机认证的产品包装除要粘贴认证机构标识外，都需加贴国家标识。

---

3. 环境标志

所谓"环境标志"，就是附贴在商品上，表示该产品在设计、生产、使用过程中均对环境无害、并引导消费者的重要标志。1978年，原联邦德国率先推行环境标志制度。1984年，其政府对33类产品颁发了500个标志。

我国为提高人们的环境保护意识，提高商品在国际市场上的竞争力，也建立了环境标志制度。1994年正式成立了中国环境标志认证委员会，发布了首批环境标志产品的7项技术要求。1995年，国家环境保护总局和国家技术监督局联合召开了首批环境标志产品新闻发布会。环境标志产品如图7-13所示。

无磷洗衣粉

无汞电池

无氟冰箱

图7-13 环境标志产品

> **"绿色通行证"**
>
> 　　我国青岛海尔冰箱厂于1990年9月推出了消减50%氟里昂的电冰箱,同年11月获"欧洲绿色标志",仅销往德国的该类电冰箱就达5万多台,在数量上居亚洲国家之首。1995年广东科龙公司生产出了无氟绿色电冰箱,获得美国环境标志的认证,使得无氟电冰箱的销量大大增加。
>
> 　　在国际贸易中,环境标志就像一张"绿色通行证"发挥着越来越重要的作用。

实战演练1　家庭节能减耗调查报告

【任务介绍】

　　找出日常生活中主要的能源消耗点。寻找能源消耗点的节能措施,完成报告。

【任务分析】

　　分解任务一　识别生活中的能源消耗点

　　这些年来家庭生活条件逐步改善,家用电器种类、数量不断增加,而在这些日常生活电器中,有较多的物品对环境有直接或间接的影响。请列举出生活中电器、生活用品哪些是生活中主要的能源消耗:

_____

_____

　　分解任务二　节能措施的实施及验证

　　常见的节能措施是否执行,如果"是"在方框内打"√"

☐ 及时关灯　　　　　　　　　　☐ 电视、电脑不用时不待机

☐ 使用节能灯　　　　　　　　　☐ 电冰箱常除霜

☐ 烹饪使用天然气　　　　　　　☐ 废纸,废弃瓶回收

☐ 少炒菜多煮菜　　　　　　　　☐ 步行或骑自行车出行

☐ 淘米水、拖地水、洗衣水冲厕所　☐ 垃圾分类

☐ 开温水之前的冷水收集留用　　☐ 取暖和制冷控制使用

☐ 购买低能耗家电

你还能想到的节能减耗措施有：

_____

_____

_____

【任务实施】

验证节能的措施

采取某一样节能措施进行为期一周的跟踪调查，完成调查表。

序号	21：00电表读数	采用节能措施	次日21：00电表读数	日用电量	备注
1		与往常相同			
2					
3					
4					
5					
6					
7					

根据调查数据完成一份家庭节能减耗调查报告。

实战演练2　变废为宝小制作

【任务介绍】

了解废弃物分类，选用一样家庭生活的废弃物，进行改造，实现废物的再利用。在实际动手过程中，认识到废品处理的方法和重要性，加深对清洁生产、清洁产品概念的认识。

【任务分析】

分解任务一　看看身边的废弃物

看看以下列举的各类家庭废弃物，请在您常见废弃物前面打钩。

☐ 废弃纸张、报纸

☐ 各类包装盒

☐ 废弃纺织品（废旧衣物、床单等）

☐ 废弃金属制品

☐ 废弃塑料制品

☐ 废弃电子产品（手机、节能灯具等）

☐ 厨余垃圾

☐ 废弃玻璃

☐ 废弃药品

☐ 其他

请按照如下类别对家庭废弃物进行分类

可回收：_____

不可回收：_____

有毒害：_____

分解任务二　变废为宝制作方案启示

废物利用通常按照如下2种方式进行。

改变自身属性。正所谓"变则通"，如果对"废物"进行合理的加工、改造、拆分或重组，它就有可能释放潜在的使用价值，变为宝。不存在绝对的废物，只是我们还没找到改变它们的方法。

改变外部条件。"橘生淮南则为橘，生于淮北则为枳。"这说明，对于同一个事物，外部环境的不同可能导致其发生不同的发展方向。在某处被认为的"废物"，移到另一个地方，就可能变成"宝物"。不存在绝对的废物，只是我们还没找到能让它们发光的地方。

案例：美国老人用回收物品建造"廉价树屋"

他用回收来的废品为低收入家庭建造房屋，目前已经建成了14座，酒瓶底、葡萄酒木塞、废木材……他神奇地变废为宝。

【任务实施】

查阅相关资料，选用一样家庭生活的废弃物，进行改造，实现废物的再利用。

选用废弃物	使用数量	改造后的用途	改造方案	其他

单元小结

1. 环境保护基本知识：环境质量标准、国家总量控制、污染物控制指标。

2. "三废"的危害、来源及处理。

3. 清洁生产的定义、内涵和原则，清洁能源与清洁产品。

4. 企业实施清洁生产的途径。

自我测试

1. 世界环境日是_____。

2. 我国主要污染物控制指标有：_____、_____、_____和_____。

3. 环境质量标准按照环境要素分_____标准、_____标准、生物质量标准和_____标准。

4. 无机废渣的特点是排放量大，毒性大，具有燃烧性和爆炸性。（　　　）

5. 化学需氧量COD值越大，表明水质越好。（　　　）

6. 填埋法是固体废物的处理方法。（　　　）

7. 下列属于可再生资源的有（　　　）。

A.太阳能　　　　　　B.天然气　　　　　　C.石油　　　　　　D.地热能

8. 对气态污染物的治理主要采用（　　　）法。

A.蒸馏、排放　　　　B.吸附、吸收　　　　C.蒸发、过滤　　　D.干燥、过滤

9. （　　　）在其生产加工过程中绝对禁止使用农药、化肥、激素等人工合成物质。

A.绿色食品　　　　　B.普通食品　　　　　C.无公害食品　　　D.有机食品

10. 名词解释：环境保护、总量控制、清洁生产、"5S"

11. 小组讨论，下列选项哪些是清洁生产带来的优点？并作简要分析说明。

（1）保护环境

（2）改善工作条件

（3）提高产品质量

（4）提高经济效益

（5）节约能源和原材料

（6）综合利用

12. 观察分析你生活的周围是否存在大气污染？若有，分析是怎样产生的？提出你的治理方案。

附　录

附录一　化工安全生产41条禁令

生产厂区十四个不准：

1. 加强明火管理，厂区内不准吸烟；

2. 生产区内，不准未成年人进入；

3. 上班时间，不准睡觉、干私活、离岗和干与生产无关的事；

4. 在班前、班上不准喝酒；

5. 不准使用汽油等易燃液体擦洗设备、用具和衣物；

6. 不按规定穿戴劳动保护用品，不准进入生产岗位；

7. 安全装置不齐全的设备不准使用；

8. 不是自己分管的设备、工具不准动用；

9. 检修设备时安全措施不落实，不准开始检修；

10. 停机检修后的设备，未经彻底检查，不准启用；

11. 未办高处作业证，不系安全带、脚手架、跳板不牢，不准登高作业；

12. 石棉瓦上不固定好跳板，不准作业；

13. 未安装触电保安器的移动式电动工具，不准使用；

14. 未取得安全作业证的职工，不准独立作业；特殊工种职工，未经取证，不准作业。

操作工的六个严格：

1. 严格执行交接班制；

2. 严格进行巡回检查；

3. 严格控制工艺指标；

4. 严格执行操作法（票）；

5. 严格遵守劳动纪律；

6. 严格执行安全规定。

动火作业六大禁令：

1. 动火证未经批准，禁止动火；

2. 不与生产系统可靠隔绝，禁止动火；

3. 不清洗，置换不合格，禁止动火；

4. 不消除周围易燃物，禁止动火；

5. 不按时作动火分析，禁止动火；

6. 没有消防设施，禁止动火。

进入容器、设备的八个必须：

1. 必须申请、办证，并得到批准；

2. 必须进行安全隔绝；

3. 必须切断动力电，并使用安全灯具；

4. 必须进行置换、通风；

5. 必须按时间要求进行安全分析；

6. 必须佩戴规定的防护用具；

7. 必须有人在器外监护，并坚守岗位；

8. 必须有抢救后备措施。

机动车辆七大禁令：

1. 严禁无令、无证开车；

2. 严禁酒后开车；

3. 严禁超速行车和空挡滑车；

4. 严禁带病行车；

5. 严禁人货混载行车；

6. 严禁超标装载行车；

7. 严禁无阻火器车辆进入禁火区。

附录二　安全标志（GB 2894—2008）

 禁止合闸
 禁止跳下
 禁止用水灭火
 禁止穿带钉鞋
 禁止启动

 禁止抛物
 禁止坐卧
 禁止推动
 禁止游泳
 禁止滑冰

 禁止伸出窗外
 禁止叉车和厂内机动车通行
 禁止开启无线通讯设备
 禁止携带托运易燃易爆物品
 禁止携带托运放射性及磁性物品

 禁止携带托运有毒物品及有害液体
 禁止佩戴心脏起搏器者靠近
 禁止携带金属物或手表
 禁止植入金属材料者靠近
 禁止伸入

 禁止依靠
 禁止蹬踏
 禁止触摸
 禁止饮用

 当心火车
 当心激光
 当心爆炸
 当心电缆
 当心腐蚀

当心裂变物质
 当心冒顶
 当心塌方
 当心坠落
 当心机械伤人

 当心中毒
 当心感染
 注意安全
 当心火灾
 当心烫伤

 当心车辆
 当心电离辐射
 当心伤手
 当心扎脚
 当心落物

 当心坑洞
 当心触电
 当心障碍物
 当心滑倒
 当心吊物

 当心挤压
 当心夹手
 当心自动启动
 当心碰头
 当心叉车

 当心跌落
 当心磁场
 当心低温
 当心高温表面
 当心落水

当心缝隙

必须戴防护眼镜

必须戴防毒面具

必须戴安全帽

必须系安全带

必须加锁

必须戴防尘口罩

必须戴护耳器

必须戴防护帽

必须穿防护鞋

必须穿救生衣

必须穿防护服

必须戴防护手套

必须配戴遮光护目镜

必须拔出插头

必须洗手

必须接地

紧急集合点

紧急医疗站

急救点

应急电话

击碎板面

紧急出口

可动火区

避险处

附录三　防爆区域划分

　　我国对爆炸性危险场所的划分采用与IEC（International Electrotechnical Commission 国际电工委员会）等效的方法，按形成爆炸火灾危险可能性大小将危险场所分级，目的是有区别地选择电气设备采取防范措施，实现安全生产。对爆炸性物质危险场所区域等级的具体划分见表1和表2。

表1　气体爆炸危险场所区域等级

区域等级	说　　明
0区	连续出现爆炸性气体环境，或会长期出现爆炸性气体环境的区域
1区	在正常运行时，可能出现爆炸性气体环境的区域
2区	在正常运行时，不可能出现爆炸性气体环境，既使出现也仅可能是短时存在的区域

　　注：1.除了封闭的空间，如密闭的容器、储油罐等内部气体空间外，很少存在0区。
　　2.有高于爆炸上限的混合物环境，或在有空气进入时可能使其达到防爆炸极限的环境应划为0区。

表2　粉尘爆炸危险场所区域等级

区域等级	说　　明
20区	凡有闪点高于场所环境温度的可燃液体，在数量和配置上能引起火灾危险的区域
21区	凡有悬浮状、堆积状的爆炸性或可燃性粉尘，虽不可能形成爆炸性混合物，但在数量和配置上能引起火灾危险的区域
22区	凡有固体状可燃物质，在数量和配置上能引起火灾危险的区域

　　露天油罐的爆炸危险区域范围按图1所示划定。

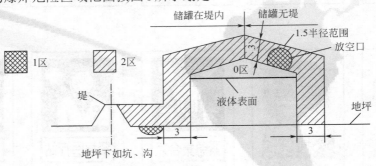

图1　露天油罐的爆炸危险区域范围

　　判断场所危险程度需要考虑危险物料性质、释放源特征、通风状况等因素。对危险场所，首先应考虑释放源及其布置，再分析释放源的性质，划分级别，并考虑通风条件。对于自然通风和一般机械通风的场所，连续级释放源可能导致0区，一级释放源可能导致1区，二级释放源可能导致2区；但是，良好的通风可能使爆炸危险场所的范围缩小或使危险等级降低，甚至降低为非爆炸危险场所；相反，若通风不良或风向不当，也可能使爆炸危险场所范围扩大或危险等级提高。局部机械通风稀释爆炸性混合物比自然通风和一般机械通风更为有效，对缩小爆炸危险场所的范围，降低危险等级更为有利。在无通风场所，连续级和一级释放源都可能导致0区，二级释放源可能导致1区。在凹坑、死角及有障碍物处，局部地区危险等级应予提高，危险范围也可能扩大。

防爆电气类型及其适用区域见表3。

表3　防爆类型及适用区域对照表

序号	防爆类型	代号	国家标准	防爆措施	适用区域
1	隔爆型	d	GB 3836.2	隔离存在的点火源	1，2
2	增安型	e	GB 3836.3	设法防止产生点火源	1，2
3	本安型	ia	GB 3836.4	限制点火源的能量	0～2
		ib	GB 3836.4	限制点火源的能量	1，2
4	正压型	ip	GB 3836.5	危险物质与点火源隔开	1，2
5	充油型	o	GB 3836.6	危险物质与点火源隔开	1，2
6	充砂型	q	GB 3836.7	危险物质与点火源隔开	1，2
7	无火花型	n	GB 3836.8	设法防止产生点火源	2
8	浇封型	m	GB 3836.9	设法防止产生点火源	1，2
9	气密型	h	GB 3836.10	设法防止产生点火源	1，2

附录四　化学品容器上的危险化学品标志

E：Explosive E：易爆	T：Toxic T：有毒
O：Oxidizing agent O：氧化剂	Xn：Harmful Xn：有害
F++：Extremely flammable F++:极易燃	Xi：Irritant Xi：刺激
F+：Highly flammable F+：很易燃	C：Corrosive C：腐蚀
F：Flammable F：易爆	N：Dangerous for the environment N：危害环境
T+：Very toxic T+：极毒	

附录五　首批重点监管的危险化学品名录

（国家安全生产监督管理总局二○一一年六月二十一日）

序号	化学品名称	别名	CAS 号
1	氯	液氯、氯气	7782-50-5
2	氨	液氨、氨气	7664-41-7
3	液化石油气		68476-85-7
4	硫化氢		7783-06-4
5	甲烷、天然气		74-82-8（甲烷）
6	原油		
7	汽油（含甲醇汽油、乙醇汽油）、石脑油		8006-61-9（汽油）
8	氢	氢气	1333-74-0
9	苯（含粗苯）		71-43-2
10	碳酰氯	光气	75-44-5
11	二氧化硫		7446-09-5
12	一氧化碳		630-08-0
13	甲醇	木醇、木精	67-56-1
14	丙烯腈	氰基乙烯、乙烯基氰	107-13-1
15	环氧乙烷	氧化乙烯	75-21-8
16	乙炔	电石气	74-86-2
17	氟化氢、氢氟酸		7664-39-3
18	氯乙烯		75-01-4
19	甲苯	甲基苯、苯基甲烷	108-88-3
20	氰化氢、氢氰酸		74-90-8
21	乙烯		74-85-1
22	三氯化磷		7719-12-2
23	硝基苯		98-95-3
24	苯乙烯		100-42-5
25	环氧丙烷		75-56-9
26	一氯甲烷		74-87-3
27	1,3-丁二烯		106-99-0
28	硫酸二甲酯		77-78-1
29	氰化钠		143-33-9
30	1-丙烯、丙烯		115-07-1
31	苯胺		62-53-3
32	甲醚		115-10-6
33	丙烯醛、2-丙烯醛		107-02-8
34	氯苯		108-90-7

序号	化学品名称	别名	CAS 号
35	乙酸乙烯酯		108-05-4
36	二甲胺		124-40-3
37	苯酚	石炭酸	108-95-2
38	四氯化钛		7550-45-0
39	甲苯二异氰酸酯	TDI	584-84-9
40	过氧乙酸	过乙酸、过醋酸	79-21-0
41	六氯环戊二烯		77-47-4
42	二硫化碳		75-15-0
43	乙烷		74-84-0
44	环氧氯丙烷	3-氯-1,2-环氧丙烷	106-89-8
45	丙酮氰醇	2-甲基-2-羟基丙腈	75-86-5
46	磷化氢	膦	7803-51-2
47	氯甲基甲醚		107-30-2
48	三氟化硼		7637-07-2
49	烯丙胺	3-氨基丙烯	107-11-9
50	异氰酸甲酯	甲基异氰酸酯	624-83-9
51	甲基叔丁基醚		1634-04-4
52	乙酸乙酯		141-78-6
53	丙烯酸		79-10-7
54	硝酸铵		6484-52-2
55	三氧化硫	硫酸酐	7446-11-9
56	三氯甲烷	氯仿	67-66-3
57	甲基肼		60-34-4
58	一甲胺		74-89-5
59	乙醛		75-07-0
60	氯甲酸三氯甲酯	双光气	503-38-8

附录六 "十二五"环境保护主要指标

序号	指标	2010 年	2015 年	2015 年比 2010 年增长
1	化学需氧量排放总量/万吨	2551.7	2347.6	−8%
2	氨氮排放总量/万吨	264.4	238.0	−10%
3	二氧化硫排放总量/万吨	2267.8	2086.4	−8%
4	氮氧化物排放总量/万吨	2273.6	2046.2	−10%
5	地表水国控断面劣Ⅴ类水质的比例/%	17.7	<15	−2.7 个百分点
	七大水系国控断面好于Ⅲ类的比例/%	55	>60	5 个百分点
6	地级以上城市空气质量达到二级标准以上的比例/%	72	≥80	8 个百分点

附录七 《环境空气质量标准》GB 3095—2012（部分）

1. 术语和定义

总悬浮颗粒物（total suspended particicular，TSP）

指环境空气中空气动力学当量直径小于等于100μm的颗粒物。

颗粒物（粒径小于等于10μm）（particular matter，PM10）

指环境空气中空气动力学当量直径小于等于10μm的颗粒物，也称可吸入颗粒物。

颗粒物（粒径小于等于5μm）（particular matter，PM5）

指环境空气中空气动力学当量直径小于等于5μm的颗粒物，也称细颗粒物。

铅 lead（Pb）

指存在于总悬浮颗粒物中的铅及其化合物。

苯并[a]芘（BaP）

指存在于可吸入颗粒物中的苯并[a]芘。

氟化物（以F计）

以气态及颗粒态形式存在的无机氟化物。

年平均

指任何1年的日平均浓度的算术平均值。

日平均

指任何1日的平均浓度。

一小时平均

指任何1小时的平均浓度。

2. 环境空气功能区分类

环境空气功能区分为2类：一类区为自然保护区、风景名胜区和其他需要特殊保护的区域；二类区为居住区、商业交通居民混合区、文化区、工业区和农村地区。

3. 环境空气功能区质量要求

一类区适用一级浓度限值，二类区适用二级浓度限值。一、二类环境空气功能区质量要求见表1和表2。

表1　环境空气污染物基本项目浓度限值

序号	污染物项目	平均时间	浓度限值		单位
			一级	二级	
1	二氧化硫（SO_2）	年平均	20	60	$\mu g/m^3$
		24小时平均	50	150	
		1小时平均	150	500	
2	二氧化氮（NO_2）	年平均	40	40	
		24小时平均	80	80	
		1小时平均	200	200	

序号	污染物项目	平均时间	浓度限值		单位
			一级	二级	
3	一氧化碳（CO）	24 小时平均	4	4	mg/m³
		1 小时平均	10	10	
4	臭氧（O₃）	日最大 8 小时平均	100	100	μg/m³
		1 小时平均	160	200	
5	颗粒物（粒径小于等于10μm）	年平均	40	70	
		24 小时平均	50	150	
6	颗粒物（粒径小于等于2.5μm）	年平均	15	35	
		24 小时平均	35	75	

表2　环境空气污染物其他项目浓度限值

序号	污染物项目	平均时间	浓度限值		单位
			一级	二级	
1	总悬浮颗粒物（TSP）	年平均	80	200	μg/m³
		24 小时平均	120	300	
2	氮氧化物（NOₓ）	年平均	50	50	
		24 小时平均	100	100	
		1 小时平均	250	250	
3	铅（Pb）	年平均	0.5	0.5	
		季平均	1	1	
4	苯并[a]芘 （BaP）	年平均	0.001	0.001	
		24 小时平均	0.0025	0.0025	

　　本标准自 2016 年 1 月 1 日起在全国实施。各省级人民政府也可根据实际情况和当地环境保护的需要提前实施本标准。

参考文献

[1] 崔政斌，张连顺. 企业安全技术操作规程汇编. 北京：化学工业出版社，2005.

[2] 孙玉叶. 化工安全技术与职业健康. 北京：化学工业出版社，2009.

[3] 冯澜，李式曾. 石油化工安全技术. 北京：中国石化出版社，2003.

[4] 刘铁民. 注册安全工程师教材. 北京：中国矿业大学出版社，2003.

[5] 郑瑞文，刘海辰. 消防安全技术. 北京：化学工业出版社，2004.

[6] 刘景良. 化工安全技术与环境保护. 北京：化学工业出版社，2012.

[7] 李运华. 安全生产事故隐患排查实用手册. 北京：化学工业出版社，2012.

[8] 肖德华. 化工安全管理与环保. 第4版. 北京：化学工业出版社，2012.

[9] 化学工业部环境保护设计技术中心站. 化工环境保护设计手册. 北京：化学工业出版社，1998.

[10] 吴忠标. 实用环境工程手册. 北京：化学工业出版社，2001.

[11] 庄育智，傅师荣，隋鹏程. 安全科学技术词典. 北京：中国劳动出版社，1991.

[12] 张连营. 职业健康安全与环境管理. 天津：天津大学出版社，2006.

[13] 陈朝东. 环境保护基础知识问答. 北京：化学工业出版社，2006.

[14] 王国华，任鹤云. 工业废水处理工程设计与实例. 北京：化学工业出版社，2004.

[15] 孙超，佟瑞鹏. 企业环境污染事故应急工作手册. 北京：中国劳动社会保障出版社，2008.

[16] 化学工业部人事教育司. "三废" 处理与环境保护. 北京：化学工业出版社，1997.

[17] 魏振枢，杨永杰. 环境保护概论. 北京：化学工业出版社，2007.

[18] 张树春. 环境保护知识450问. 北京：中国纺织出版社，2007.

[19] 张凯，崔兆杰. 清洁生产理论与方法. 北京：科学出版社，2005.